서양 근대 건축

서양 근대 건축

초판 1쇄 인쇄 2015년 12월 15일
초판 1쇄 발행 2015년 12월 20일

지은이 윤장섭
펴낸곳 서울대학교출판문화원
펴낸이 성낙인

책임편집 전수형
디자인 장혜원

출판등록 제15-3호

주소 (08826) 서울 관악구 관악로 1
대표전화 02-880-5252 | **팩스** 02-888-4148
마케팅팀(주문상담) 02-889-4424, 02-880-7995
이메일 snubook@snu.ac.kr
홈페이지 www.snupress.com

ISBN 978-89-521-1619-2 93540

서양 근대 건축

윤장섭 지음

서울대학교출판문화원

머리말

서양 근대 건축은 산업혁명 이후 급속히 진전된 기술적 · 사회적 · 문화적 변혁에 직접적인 영향을 받아 발전되기 시작했다. 근대 건축의 발전은 사회생활 분야에서 처음으로 영향을 받게 되었다. 이후 점차 여러 분야에서 명료해지고 상호 연계를 갖고 통합되면서 근대 건축문화의 발전에 기틀을 형성하게 되었다. 이에 따라 근대 건축문화의 사상과 활동이 점진적으로 일관성 있는 방향으로 발전하게 되었다. 근대 건축의 발전은 제1차 세계대전 직후부터 획기적이고 보편적인 양상을 띠기 시작했다. 이때부터 서양 근대 건축의 역사적인 프로세스가 확립되었고 이후 근대 건축 양식이 본격적으로 중요한 진전을 보게 되었다. 그 후 제2차 세계대전을 분기점으로 서양 근대 건축은 후반기에 들어서게 되었으며, 1950년대 말경 근대건축국제회의(CIAM)가 해체된 때를 계기로 하여 서양 근대 건축문화는 일단락되었다.

이 책은 1998년 서울대학교출판문화원에서 출간한 『서양 근대 건축』을 수정·보완하여 다시 출간한 것이다. 한문을 한글로 바꾸고 윤문을 했으며, 제자들이 제공한 컬러 사진을 더해서 일반 독자들도 쉽게 이해할 수 있도록 했다. 이 책의 내용에는 부족한 부분이 적지 않으나, 독자들이 근대 건축문화에 대한 이해를 넓히는 데 도움이 되기를 바라는 마음이다.

구순에 이 책을 다시 펴내게 된 것을 매우 기쁘게 생각한다. 2009년 1월 뇌졸중으로 입원하였으나 생명을 연장해 주신 하느님께 감사드리며 매일 기도 드리고 있다. 가족과 선후배들의 협조에 감사하며 고마운 뜻을 전하고 싶다.

끝으로 이 책을 만드는 과정에서 수고해 주신 서울대학교출판문화원과 윤문과 교정에 참여했던 사람들과 컬러 사진을 기꺼이 제공한 소우회 제자들에게 깊은 감사의 마음을 전하고자 한다.

2015년 12월

윤장섭

추천의 글

오랫동안 건축과 교재로 쓰이고 있는 윤장섭 선생님의 『서양건축사』를 추려 작고 간결하게 내놓은 『서양건축문화의 이해』와 오늘의 다양한 건축물의 문화·역사적 맥락을 정리한 『서양 근대 건축』, 두 권의 건축서가 새로운 모습으로 정리되어 기쁘고 감사한 마음으로 추천의 말씀을 드린다.

오늘의 건축문화는 전 세계적으로 유럽의 역사와 문화가 그 바탕을 이루고 있다. 그런 맥락에서 서양건축사란 세계건축사와 유사어이며 세계의 현대 건축문화는 서양 건축문화의 주도로 이루어졌다고 할 수 있다.

건축문화는 인류 최고의 지적 산물이며, 땀과 노력의 결정이며, 삶이 모이고 쌓인 역사의 기록이며 무엇보다 인간의 가장 뛰어난 창조능력의 결과이다. 이런 건축문화는 현재를 살고 있는 모든 사람의 관심 대상이며, 완전하게 알고 있는 이가 없는 것과 동시에 전혀 모르는 이 또한 없는 보편적 문화이다. 이런 까닭에 건축의 역사를 소개하는 개괄서로서 이 책의 재출간이 건축문화에 관심 있는 교양인들에게 의미가 되길 기대한다.

건축 역사서에 관심 있는 독자들은 이미 구판의 책을 알고 있으리라 짐작되지만, 새 시대에 맞춰 완전한 신판으로 기획한 자제분 윤재신 교수의 수고와 이강주, 조희철, 손두호 외에도 선생님의 큰따님 내외인 강철구, 윤재옥 등 소우회 회원들의 적극적인 협조로 건축물 사진의 대부분을 새것으로 바꾼 것은 이번 신판 출판의 가장 중요하고도 큰 성과라 할 만하다. 아울러 윤문을 해준 신유림, 교정을 보아준 권용찬, 출판을 총괄해 준 서울대학교출판문화원의 전수형 등 이 책이 나오도록 힘써 준 모든 이들께 감사한다.

더구나 금년에 구순을 맞으신 선생님의 노고에 존경과 경의를 표하지 않을 수 없다. 윤장섭 선생님의 활기찬 모습을 뵙게 될 2015년 새해맞이를 기원한다.

2014년 12월

소우회 홍대형(서울시립대 명예교수)

그림 차례

01

신고전주의·낭만주의·절충주의 건축

건축문화 개관

18세기 후반 유럽 사회에 나타나기 시작한 변화들은 정치, 경제, 사회 등 모든 분야에 커다란 변혁을 일으켰다. 당시 지식층 사이에서는 그리스도교의 신앙이 쇠퇴하면서 사회 및 정치적인 개혁 정신이 싹트기 시작했다. 이와 더불어 자연계에 대한 과학적 탐구 태도가 발전하고 이에 대한 지식도 획기적으로 증가했다. 특히 볼테르Voltaire와 루소Rousseau의 이지주의理智主義와 자유주의 사상이 유럽 사회에 큰 영향을 미쳤다. 이후 모든 분야에서 합리성을 추구하였으며, 새로운 지적 영역도 개척하게 되었다. 사람들은 점차 기존의 왕권과 사회제도에 대한 의문을 갖게 되었고 이것이 미국의 독립혁명(1775)과 프랑스혁명(1789)으로 연결되어 왕권과 옛 사회제도를 송두리째 뒤흔드는 계기가 되었다.

그뿐만 아니라 17세기부터 서서히 시작된 과학적 발견들과 18세기에 시작된 기계의 발달은 19세기에 이르러 일상생활에까지 영향을 미쳤다. 와트J. Watt가 발명한 증기기관의 광범위한 활용은 산업혁명의 원동력이었으며 생산 공업, 교통 및 무역, 정보교환 등에서 획기적인 발전을 가져왔다.

그러나 근대산업의 발전은 도시로 인구가 집중됨에 따른 생활환경의 악화를 비롯하여 도시의 빈민화와 토지투기 문제를 초래하였다. 또한 산업혁명을 통해 새로 형성된 자본가들이 무제한적인 노동 착취를 일삼으면서 노동계급으로부터 비난을 받기도 했다.

이와 같은 혼돈 속에서 새로운 유토피아Utopia를 갈망하는 사회주의, 공산주의, 새로운 종교운동들이 형성되었다. 오언R. Owen의 이상도시 안은 도시환경의 개선을 제안하는 대표적인 계획 중 하나였다.

19세기 산업발전에 따른 경제 및 사회생활의 변화는 건축의 내용과 종류에도 변화를 가져왔다. 이 시기에 나타난 은행, 대공장, 철도용 건물, 보관창고, 직공을 위한 주택 단지 등의 건축은 공업도시의 형성을 촉진하였다.

19세기 산업사회의 발전과 각종 변혁의 결과는 당시의 건축문화와 양식 발전에 즉각적으로 반영되지 못하였으나, 새로운 건축문화의 태동을 일부 엿볼 수 있었다. 건축가들은 필요한 재능을 갖추고 있었지만, 19세기 초의 혁명적인 발전에 적응하지 못했다. 따라서 19세기 건축은 '진보'의 행진에서 뒤떨어졌으며 미래를 지향하기보다는 과거를 되돌아보는 데 관심을 가졌다. 특히 학자들이 과거의 건축 양식을 역사적으로 고증하면서 고고학 연구가 진전되어 이 분야로 지식인들의 관심이 집중되었다. 이와 같이 과거의 양식을 모방하는 경향은 19세기의 특징이 되었다. 이 시기에는 정보교환이 비교적 자유롭게 이루어졌기 때문에 과거 수천 년 동안 발전했던 각종 양식의 형태를 쉽게 이용할 수 있었다. 건축가들(지식인들)은 19세기 건축문화에 대한 반성의 일환으로 가장 오래된 그리스 양식을 동경했다. 가장 오래된 과거 양식으로의 복귀는 의미 있는 것이라고 생각했으며, 그리스 양식에 대한 동경으로 그들의 지성과 우아함을 본받아 그리스 문화를 재현하는 고전주의 건축을 되살려 냈다. 그다음 시기에는 중세 건축문화에 대한 동경과 그 형태에 대한 애착으로 고딕 건축 양식을 부흥시킨 낭만주의 건축이 유행하였다. 마지막으로는 과거의 양식적 요소들을 취사선택한 '냉정한 종합', 즉 각 요소를 하나로 융합하지 않고 개개의 기원을 분별할 수 있는 형상을 유지하면서 총합하는 것을 이상으로 삼는 절충주의 건축이 나타났다.

신고전주의 건축

18세기 중엽부터 19세기 말은 근대 건축의 여명기였다. 18세기 바로크, 로코코 등 자유롭고 기묘한 르네상스의 후기 양식들은 18세기 중엽부터 퇴폐적인 경향으로 흐르게 되는데, 이에 대한 반동으로 엄정한 고전 양식을 부흥시키려는 움직임이 나타났다. 이때 이러한 움직임을 주도했던 이들은 고전문화의 특성이 중세문화와도 다르고, 르네상스 시대에 부흥했던 문화와도 전혀 다르다는 것을 인식하게 되었다. 당시 프랑스혁명으로 궁정 세력이 쇠퇴하면서 로코코와 같은 화려한 건축을 만들 경제력이 사라졌으며, 그 표현 방법에도 싫증을 느껴 새로운 국면의 발전이 요구되었다. 이와 때를 같이하여 영국의 고고학자들이 행한 고전 건축의 폐허 발굴과 연구는 유럽의 흥미를 그리스·로마의 고전문화로 집중

그림 1 신고전주의 양식 상세도 (그리스의 고전 건축 양식의 단순화함을 보여 준다)

시켰으며, 그 결과 그들은 고전을 찬미하며 고전 양식의 정직하고 단순화한 재현에 힘쓰게 되었다.

이전까지 건축가와 건축이론가들은 르네상스 건축이 고전 건축의 부활이라 생각했지만, 고고학적 연구에 의해 그렇지 않다는 사실이 드러났다. 즉, 르네상스 건축은 비트루비우스Vitruvius의 『건축서』를 주요한 지침으로 삼고 실제 고전 건축에 대한 연구에 충분히 집중하지 못했기에 과거 고전 건축을 제대로 재현하지 못했음을 깨닫게 되었다.

이 시기 건축가들은 고전 양식에 대한 고고학적 연구를 통해 얻은 지식을 토대로 당시 문화에 적합한 표현을 찾아내려 노력했다(그림 1). 따라서 고고학적인 정확성, 고전 양식과의 공명, 고전 양식에 대한 이해의 정도에 따라 건축 작품을 평가하였다. 이러한 노력의 결과로, 건축물들은 그리스 건축을 직접 모사한 것 같은 외관을 나타내게 되었다.

● 프랑스

프랑스에서 수플로J. G. Soufflot가 설계한 파리의 팡테옹Panthéon은 로마의 판테온을 모사하였다(그림 2). 가브리엘J. A. Gabriel의 걸작인 프티 트리아농은 그리스 시대의 건축과 매우 비슷한 것으로 유명하다. 루이스V. Louis가 설계한 극장은 4분의 3을 원형 평면의 관객석으로 두었는데, 이는 향후 19세기 극장의 모범이 되었다.

그 후 프랑스에서는 1789년에 대혁명이 일어났으며, 그 뒤를 이어 1804년에 나폴레옹Napoléon의 제정시대가 시작되었다. 당시 프랑스의 신고전주의 건축에는 영웅 나폴레옹의 야심이 드러난다. 예를 들어 샬그랭J. F. Chalgrin이 설계한 에투알 개선문은 로마 양식을 그대로 구현하였다.

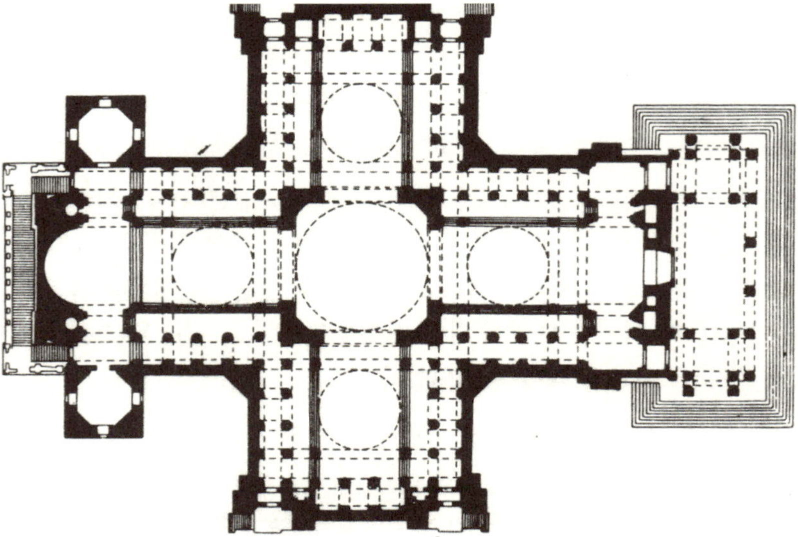

그림 2 파리의 팡테옹
평면도(⇧)와 정면(⇦)

나폴레옹은 이상을 로마에 두었기 때문에 로마 문화의 재현을 시도하려 하였다. 그러므로 나폴레옹 시대, 즉 19세기 초 프랑스의 신고전주의 건축인 앙피르Empire 양식의 이상향은 로마였다. 앙피르 양식의 특성은 영웅적인 엄격성과 직설적으로 명쾌한 표현이 그 장식 수법에 잘 나타난다. 건축은 모두 딱딱한 직선으로 표현되었으나, 세련되고 우아한 정취도 엿볼 수 있다.

● 영국

영국에는 크게 그리스 양식을 따른 것과 로마 양식을 따른 두 가지 경향이 있다. 그리스 양식으로는 해밀턴T. Hamilton이 설계한 에딘버러 중학교와 스머크R. Smirke가 설계한 영국박물관 등이 유명하며, 이들은 순수하게 그리스 양식을 모방한 고전주의 건축이다.

로마 양식을 모방한 것으로는 손J. Soane의 잉글랜드 은행이 유명하다. 당시의 영국은 산업혁명으로 유럽 대륙보다 높은 문화와 번영을 누렸으나, 하층계급의 생활이 악화되어 빈민이 발생하였다. 이에 대해 오언 등은 이상도시*와 이상사회에 관한 제안 등을 발표하였다(그림 3).

---

* 이상도시: 로버트 오언(Robert Owen)은 이상적인 사회주의자(Utopian socialist)로서 협동조합운동(cooperative movement)을 주도했다. 그는 어린 시절부터 주변의 다양한 환경에 영향을 받아 인간 성품이 개인의 책임과는 무관하다는 것에 대한 깨달음을 얻었다. 그가 제안한 이상도시는 약 1,200평 규모의 지역사회가 4~6km²의 땅에 정착하고, 많은 방들과 공용 주방을 갖춘 하나의 큰 사각형 건물에서 함께 사는 농경사회모델을 기반으로 한다. 오언은 스코틀랜드의 뉴래너크(New Lanark)에 성공적으로 개발한 산업 마을에서의 경험을 바탕으로 이상도시를 제안했다.

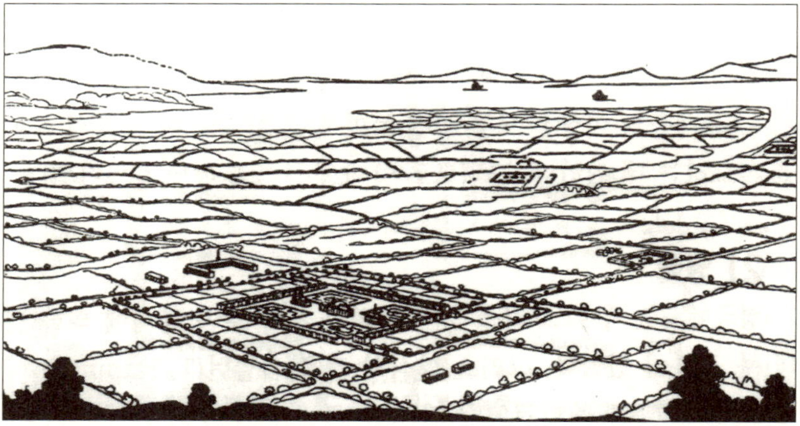

그림 3 오언의 이상도시계획

● 독일

독일의 지식인들은 고전주의 사상과 국토 통일의 이상을 결부시켜 그들의 활동에 열정을 기울였다. 그 열정은 주로 음악과 문학으로 표현되었으며, 많은 음악가와 문호를 배출하였다. 악성 베토벤과 유명한 시인인 괴테도 이 시대에 태어났다. 프랑스에서 고전주의 양식이 전개되고 있을 때 독일에서는 두 명의 유명한 건축가가 출현하였다. 이들이 길리F. Gilly의 제자인 베를린의 싱켈K. F. Schinkel과 뮌헨의 클렌체L. von Klenze이다. 이들은 후에 낭만주의 또는 절충주의 성향의 건축도 하였으나, 주로 고전주의 작가로서 유명한 작품을 남겼다.

싱켈은 당시 괴테의 명성에 비견될 만큼 북유럽을 대표하는 고전주의 건축의 거장이었다. 그는 그리스 건축의 정수를 가장 잘 인식하고, 그 건축미를 완벽히 표현했다. 베를린의 왕립극장과 고대미술관은 고전주의를 대표하는 그의 작품이었다(그림 4, 5). 그는 고전 그리스를 정직하

그림 4 베를린 왕립극장 내부

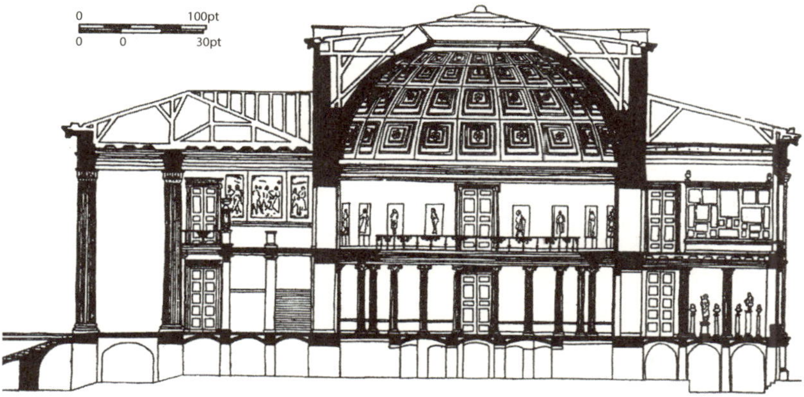

그림 5 베를린 고대미술관 단면도

게 모사하였을 뿐 아니라 구조와 재료를 적절히 사용하였다. 또한 근대의 생활 등을 고려하여 이를 건축에 적용시키면서도 그리스 고전미를 유감없이 발휘하였다.

독일 북부를 싱켈이 대표했다면, 독일 남부를 대표하는 건축가는 클렌체였다. 클렌체는 고전주의 건축가로서, 고전 건축에 대한 인식과 표현 방법이 싱켈에 필적했다. 그의 작품으로는 그리스의 파르테논을 모사한 발할라 궁전이 있다. 그 외에도 뮌헨의 루메스할레 등의 훌륭한 건물이 있다.

낭만주의 건축

고전주의 건축은 고전으로의 복원이라는 경향을 취하였으나 그 당시의 생활과는 시간적으로 괴리된, 고전의 모방에 그치는 경우가 많았다. 사람들은 점차 건물 외관만 모방하는 피상적 형태 추구가 무의미하다고 느끼면서 고전에 대한 동경에서 각성하여 가까운 과거에 주목하게 되었다. 특히 사상적으로도 고전예술의 냉정한 주지적主智的 경향은 당시의 열렬한 감성적 경향과 조화를 이루지 못했으며, 이에 영향을 받아 고전주의에 대한 반동으로 낭만주의가 대두하였다.

프랑스의 낭만주의 발생기에는 나폴레옹이 독재적인 통일사상에 의거한 제국주의를 시작하였기 때문에 제국의 융성기에조차 일부 반동적인 요소가 움트고 있었다. 나폴레옹은 제국주의자인 동시에 극단적인 로마 고전 숭배자였다. 따라서 로마의 국가, 황제, 풍속, 예술 등 모든 것이 그의 이상이자, 숭배의 목표였다. 프랑스의 고전주의인 앙피르 양식은 이와 같은 배경에서 발전하였으므로, 이에 대한 반감이 민족주의, 국가주의와 병행하여 낭만주의를 발생시켰다.

고전주의는 고대 그리스와 로마의 고전을 본보기로 삼은 반면, 낭만주의는 자기 민족, 국가를 중심으로 그 특수성을 파악하여 정열적인 자유로움을 존중하였다. 낭만주의의 본질은 고전주의의 객관적 이지주의에 대항하는 주관적인 정서주의라 할 수 있다. 그래서 그들은 민족의 사화史話와 전설에 관심을 가졌고 이것들이 가진 정서적 매력이 예술의 중심과 생명력이라 생각했다. 민족의 사화와 전설은 중세의 산물이기 때문에 낭만주의의 이상은 중세에 있었다.

고대 그리스, 로마의 문화는 정서적으로 큰 괴리감이 느껴지는 것이었지만, 중세의 문화와 유물은 19세기를 사는 사람들의 생활과 연결되어 있었기에 그 신비한 매력은 사람들의 마음을 강하게 자극하였다. 그리하여 사람들은 국가와 민족의 기원이 중세에 있다고 생각하게 되었다. 따라서 그들의 선조가 믿어 온 로마 가톨릭교를 비롯한 봉건 시대의 모든 제도, 풍속, 습관, 예술 및 일체의 문물에 대한 회고를 통해 중세의 것을 보호하고 이상화하여 재현하였다.

영국

1753~1776년에 월폴H. Walpole이 지은 스트로베리 힐은 고딕 양식을 응용한 것으로, 재래의 유행에 반항하는 수법을 나타내어 주목을 받았으며 영국 낭만주의 건축의 선구가 되었다(그림 6). 그 후 중세 교회당 건축의 보수와 복구가 시작되면서 사람들은 성관城館 형식의 별장 저택에서 교회 건축으로 관심을 돌렸으며, 저택 건축 등의 세부에도 교회당 건축의 수법을 많이 사용하게 되었다.

그러나 영국 낭만주의 건축이 제2단계에 들어선 것은 퓨진A. W. Pugin이 중세 건축의 회화적 구성과 매싱massing 기법의 효과에 착안하여 모든 종류의 건축에 고딕 양식을 부활시키려 했을 때부터였다. 이후 영국에서는 이러한 양식에 대한 동경으로 세력이 형성되었다. 이 시대의 대표적인 건축은 배리C. Barry의 영국 국회의사당이었다. 이 건축 양식은 고딕에 근거했지만, 예전의 양식을 따르면서도 복잡한 근대적 요구에 대응할 수 있도록 편의적인 실용성을 추구한다는 점에서 가치가 있다.

그림 6 스트로베리 힐(⇧)과
내부(⇨)

러스킨J. Ruskin은 영국 낭만주의의 발전에 큰 역할을 하였다. 그는 건축가는 아니었으나, 미술평론가·사회사상가로서 건축에 대한 조예가 깊었다. 그의 저서 『건축의 일곱 등(*The Seven Lamps of Architecture*)』(1849)과 『베니스의 돌(*The Stone of Venice*)』(1851)은 중세 건축, 특히 이탈리아 고딕에 대하여 동경하는 심정에서 우러나온 것이었다. 그는 "예술은 개인의 인격에 대한 인정을 바탕으로 형성되어야 한다. 고대의 건축에 종사한 하급 노동자는 노예의 지위로 인격이 무시되면서 기계처럼 혹사당하였다. 그러나 중세 건축에서는 그렇지 않았다. 개인의 인격은 그들의 직책을 막론하고 바르게 인정되고, 존중되었다"고 논하며 중세의 건축 활동을 찬미하였다.

이와 같은 러스킨의 건축관은 당시의 건축가를 자극하여 중세 복고를 촉진하였다. 러스킨은 언론을 통해 이와 같은 운동을 한 반면, 모리스W. Morris는 이론과 실천을 겸하여 적극적으로 혁신 운동을 했다. 건축가이면서 공예가였던 그는 사회사상가로 당시의 건축계와 이후의 발전에 적지 않은 영향을 미쳤다. 그는 러스킨과 함께 당시의 건축계에서 빼놓을 수 없는 인물이다. 그가 만든 미술공예 이론은 건축과 직접적으로 상통한다. 그는 평소 "건축은 실용과 미의 결합이며, 모든 미술의 유기적·사회적 통합의 총괄체"라고 언급하였으며, 미술공예에 대한 이론에서도 항상 실용과 미를 강조하였다. 또한 "우리들 정력의 유쾌한 발동은 곧 미술(건축을 포함)의 원천이며 모든 행복의 원인이다. 또한 이것이 인생의 목적이다"라는 그의 말에서 러스킨의 이론과 상통함을 알 수 있다.

모리스는 1859년 자신의 집인 레드하우스를 건축가인 웹P. Webb과 협력하여 건축하였다. 당시에는 벽돌 위에 회벽을 바르고 각종 조각을 하는 것이 통례였으나, 모리스는 이러한 인습적인 생각을 타파하고 벽돌색을 그대로 살려 색의 아름다움을 입증하였다. '레드하우스'라는 이름은 벽돌색에서 온 것이었다. 또한 집의 가구 일체를 자신의 취향에 따라 중세 형식으로 만들었다. 이를 시작으로 그는 1861년 동료들과 함께 영국 미술공예의 갱생을 시도하는 모리스 회사를 설립하였다. 그들은 벽면 장식, 건축, 조각, 유리가공, 금속세공, 가구 제작 등을 했다. 건축과 관련한 실용성과 미를 검토하고 제작하는 것이 그의 신조였다.

● 독일

독일의 낭만주의는 그 민족적 특성으로 볼 때 필연적이었다. 괴테를 위시한 낭만주의 문호와 작품에 흐르는 낭만적 감정은 북방인에게 영향을 주었고 건축에서도 중세시대의 건축문화를 복구하려는 경향을 강하게 만드는 데 일조했다.

베를린을 중심으로 한 독일 북부 지방에는 싱켈이 있었다. 그는 고전주의 건축가로서도 일인자였으나, 프랑스와 이탈리아의 훌륭한 중세 건축을 접한 후, 그 디자인과 구조에 영향을 받아 낭만주의적 작품을 만들게 되었다. 싱켈은 1819년의 베를린 대성당, 1830년에는 프리드리히 베르더 교회를 고딕 양식으로 완성하였다(그림 7). 베를린에 있는 성 토마스 교회당은 애들러F. Adler가 설계한 신교 교회당으로 로마네스크식*을

---

* 로마네스크식: 바실리카(Basilica) 평면에 목조지붕 대신에 석조로 반원통 볼트(vault)를 덮은 건물로, 서유럽 석조 교회 건축의 정점인 고딕양식으로 발전했다.

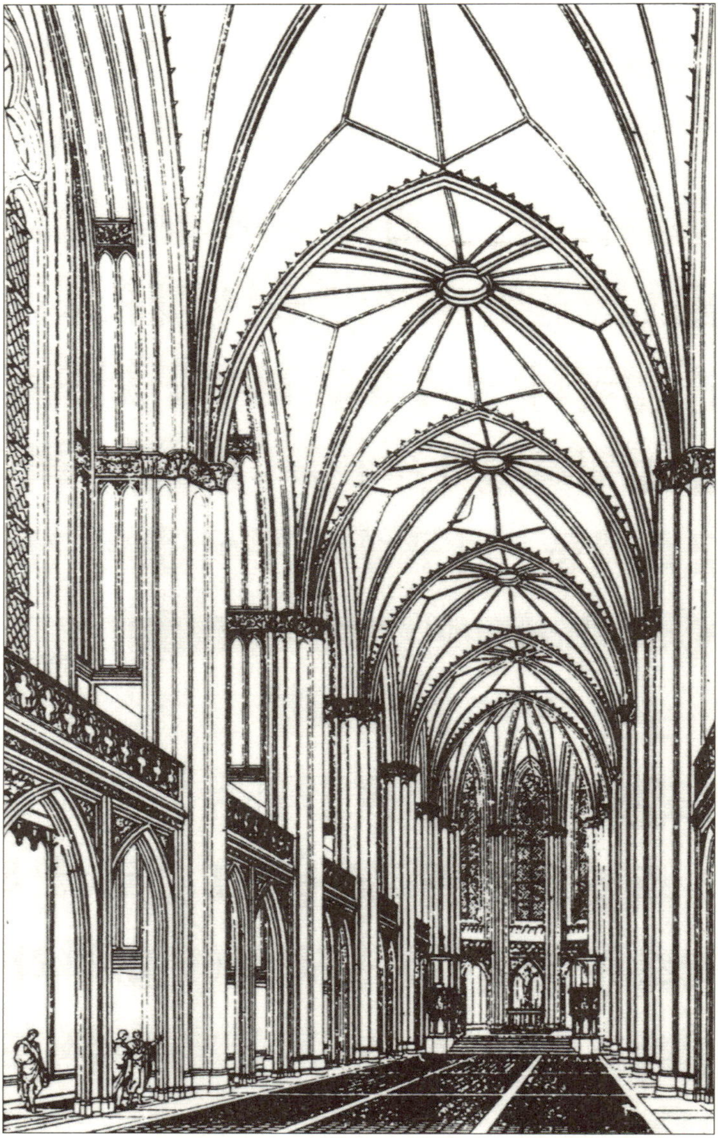

그림 7 프리드리히베르더 교회의 내부

그림 8 베를린의 성 토마스 교회당

본떠 만들었다(그림 8).

● 프랑스

프랑스의 낭만주의 건축은 고전주의에 압도되어 많은 발전을 이루지는 못했다. 그러나 원래 프랑스는 고딕 건축의 본거지로서 훌륭한 고딕 건축물이 많이 있었다. 특히 빅토르 위고의 소설 『노트르담의 꼽추』는 당대의 건축가들에게 강렬한 자극을 주었으며, 루소의 "자연으로 돌아가라"는 외침은 청년의 열정을 움직여 간접적으로 낭만주의 운동에 큰 영향을 주었다. 낭만주의의 저명한 건축가, 비올레르뒤크Viollet-le-Duc는 고건축의 보수와 복구 경험이 많았기 때문에, 그 지식을 파리의 노트르담 대성당 등의 복구 공사에서 활용하였다. 당시 프랑스의 고딕 건축에 관한 지식은 그의 저서 *Lectures on Architecture*에 크게 의존하였다. 비올레르뒤크는 피에르퐁 성Le Château de Pierrefonds의 폐허도 복구하였다. 이것만으로도 고딕 양식에 대한 그의 연구 깊이를 알 수 있다.

이 외에도 발루T. Ballu와 가우C. Gau가 건축한 파리의 생 클로틸드 교회는 통일성이 가장 잘 드러나 있는 낭만주의 건축이다.

절충주의 건축

절충주의 건축은 19세기 중엽 유럽 건축계에서 낭만주의 건축보다 약간 뒤늦게 시작되어 낭만주의 건축과 일부 병행되었다. 절충주의 시대는 과거에 전개되었던 모든 양식을 취사선택하여 활동한 시대인 동시에 미래의 양식에 대해 모색을 하던 과도기였다.

이 시대에는 정치사상의 새로운 움직임이 있었고 학술적으로는 자연과학이 급속히 발달하였다. 제국주의는 자유주의에 패배하였으며, 옛 시대의 꿈을 더듬었던 신고전주의나 정서적으로 중세를 그리던 낭만주의는 정반대의 성향을 가진 현실적인 자연주의로 대체되었다.

자연과학의 발달은 산업혁명을 불러일으켜 수공업 대신 대량생산의 기계공업 시대로 전개되었다. 이와 같은 자연과학의 발달은 인문과학에도 직접적인 영향을 주어 역사·고고학 등의 연구가 활발해졌다. 이 과정에서 각 시대의 역사적 실태가 밝혀지면서 과거 양식에 대한 명확한 이해와 비판 의식을 갖게 되었다. 따라서 한정된 과거 양식의 재현이 무의미함을 깨닫고 새로운 견지에서 과거 양식 전체를 되돌아보게 되었으며, 각종 양식 중에서 취사선택하여 새로운 형태를 만들기 위해 노력하였다.

절충주의 건축은 일정한 기준이 없어 작가들의 주관에 따라 각종 양식의 장점을 자유로이 선택하여 절충하고 종합하여 표현하였다. 따라서 르네상스식, 고딕식, 고전식, 비잔틴식, 동양식 등 건축 형태가 천차만별이었는데, 이는 과거 양식에 대한 방황을 나타낸다. 이 과정을 거쳐 과거 양식이 청산되는 최후의 단계에 이르렀으며 새로운 시대의 출발점에 서게 되었다. 20세기 들어 절충주의는 영국을 제외한 유럽에서 거의 사라졌으며, 신건축 시대가 시작되었다.

● 프랑스

프랑스는 고전주의가 우세하고 고전적 전통도 강했기 때문에 절충주의 시대에도 르네상스식 절충주의 건축을 많이 지었다. 1820년 파리의 구 오페라 하우스와 라브루스트H. Labrouste의 파리 생 주느비에브 도서관과 국립도서관은 이 시기에 건축되었다(그림 9). 국립도서관은 신재료인 철재를 자유롭게 구사했다는 점에서 주목할 만하며, 세련된 외관에서는 그리스적인 미를 엿볼 수 있다. 주철제 기둥을 사용한 대열람실의 구조와 채광은 당시로서는 신기한 수법이었으며, 그의 천재적인 재능을 잘 보여 준다. 이 건물은 그가 처음으로 철골을 건축에 사용하여 큰 성공을 거둔 것으로, 당시의 구조기술 발달을 알 수 있다. 디자인과 기술

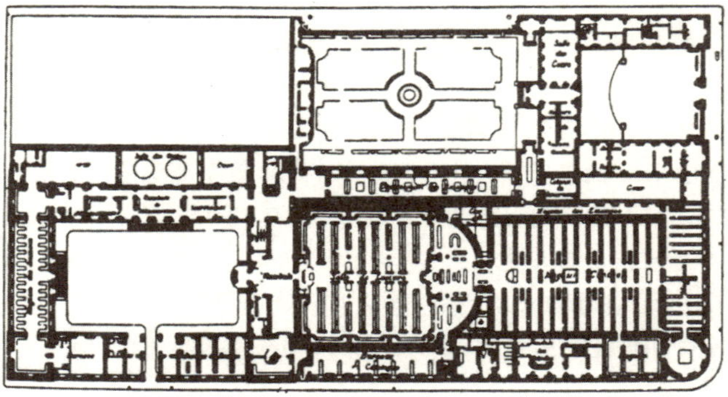

그림 9 생 주느비에브 도서관 평면도

을 융합한 그 의미적 표현은 찬탄할 만했으며, 건물 전체는 르네상스 양식을 따르고 있다.

뒤방J. F. Duban이 설계한 파리 미술학교는 이탈리아 르네상스의 거장, 브라만테D. Bramante의 건축 작품과 유사한 면이 있었고, 르세르Leseur가 설계한 파리 시청사는 프랑스 르네상스식으로 근대적인 외관을 가졌다. 절충주의 건축은 이후 바로크의 영향을 받게 된다. 가르니에C. Garnier가 설계한 파리 오페라 극장는 베네치아 바로크식 절충주의 건축이다(그림 10). 비잔틴식의 절충 양식으로는 도메A. Caumet가 설계한 파리 성심교회가 있다.

이 시대에서 파리의 개조는 특기할 만하다. 1853년, 나폴레옹 3세는 오스만G. E. Haussmann을 파리의 행정장관으로 임명하여 파리의 도시 개조 계획을 단행하였다. 이 계획은 바로크식의 방사형 직선 도로에 기초를

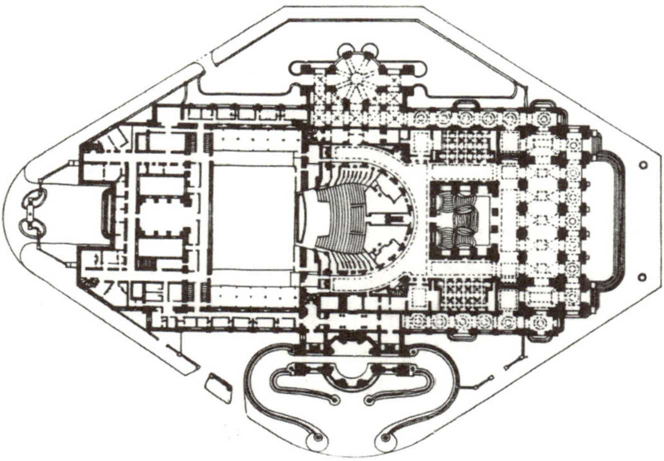

그림 10 파리 오페라 극장 평면도

두고 구시대의 이상적인 형태를 따랐다. 이 도시계획법은 결점도 적지 않았으나, 19세기 유럽 대륙의 가장 위대한 사업 중 하나로 도시 미관과 교통이 가지는 가치를 전 세계에 입증하였다(그림 11).

성벽 A. 필립 아우구스투스 때 건설(12세기)
성벽 B. 샤를 5세 때 건설(14세기)
성벽 C. 루이 5세 때 건설(17세기)
성벽 D. 루이 15세 때 건설(18세기)
성벽 E. 나폴레옹 3세 때 건설(19세기)
F. 루브르 궁
G. 튈러리
H. 샹젤리제
I. 샹드마르스
J. 노트르담
K. 앵발리드
L. 뤽상부르 궁

그림 11 오스만의 파리 도시계획

영국

낭만주의에 이어 일어난 영국의 절충주의 건축은 자유주의 사상에 따른 사회 변혁에서 오는 건축적 요구에 의해 발전되었다. 배리가 설계한 런던의 여행자 클럽(1829~1832)과 콕카렐C. F. Cockerell의 리버풀 잉글랜드 은행지점, 페니손Pennethorne의 런던 대학 등은 이탈리아 르네상스식 절충주의 건축이었다. 19세기 말에 벤틀리J. F. Bentley가 설계한 웨스트민스터 대성당 또한 비잔틴식 절충주의 건축이었다. 일각에서는 17세기 전반부터 18세기 전반에 걸쳐 사용되던, 향토 주택 양식을 절충한 앤Anne 여왕식 건축도 많이 지어졌다. 이 양식은 고딕과 네덜란드 양식의 영향이 섞여 향토적인 기풍이 있어 오늘날에도 환영받고 있다.

독일

독일에서 절충주의가 성행했던 19세기 중엽에서 말엽, 국내의 각 도시는 큰 발전을 이루었다. 특히 뮌헨에서는 클렌체, 게르트너F. von Gärtner 등이 왕궁, 도서관 등을 건축하였다. 또한 이 시대에는 훌륭한 건축가, 젬퍼G. Semper가 태어났다. 그는 뮌헨에서 건축을 배웠으며 규모가 큰 건축 작품을 많이 남기지는 않았으나, 그의 건축 비평과 고전 건축 연구는 특기할 만했다. 그는 건축의 목적에 대해 “과거에 대한 반성으로 과거의 건축을 정확히 파악하고, 이를 당시의 생활 안에서 올바르게 살리려는 데 있다”라고 하였으며, 그의 사상은 당시 건축계에 큰 감화를 주었다. 뉠Nüll은 빈에 프랑스 르네상스식의 국립 오페라 극장을 건설하였으며, 슈미트F. Schmidt도 독일 고딕식으로 빈의 시청사를 건축하였다. 발로트J. P. Wallot는 베를린에 바로크식 국회의사당을 건축하였고(그림 12), 호프

그림 12 베를린 국회의사당

만J. Hoffmann이 설계한 라이프치히의 대법원이 건축되기도 했다. 이와 같이 독일에서 절충주의가 성행하고 양식의 혼란시대가 도래했을 때 근대 건축의 개척자인 바그너O. Wagner가 빈에 나타나 근대 건축을 새롭게 출발시켰다.

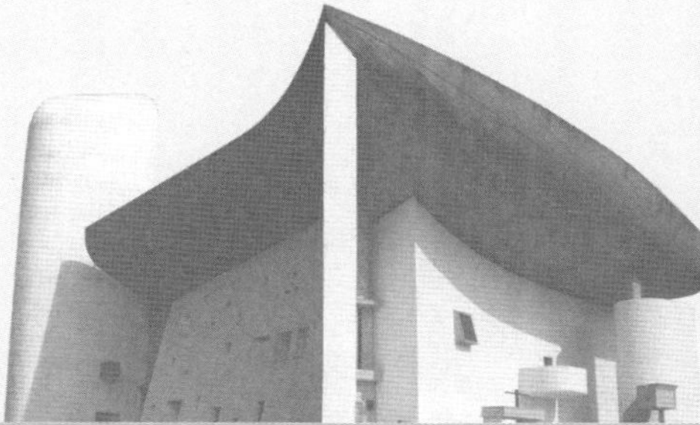

02

근대 초기의 과학기술과 신건축사상

근대 건축과 과학기술

19세기에 이루어진 과학의 진보는 그 지식을 응용하는 속도가 뒤따르지 못할 만큼 빠르게 진행되었기 때문에 과학의 확실한 활용 방향을 알지 못했던 건축가와 일반 사람들은 관망하는 상태로 뒤처져 있을 수밖에 없었다. 그러나 근대 건축은 과학이 제공하는 새로운 지식을 활용한 새 재료와 공법으로 새로운 건축을 형성하여 점차 착실한 진전을 보였다. 즉, 근대의 과학과 기술은 과거보다 훨씬 정확하게 재료의 성질을 규명하였으며, 새로운 재료와 공법을 많이 발견하였다. 이로 인하여 건축의 활동 영역과 건축적 표현 요소의 범위가 넓어졌다. 그중 구조용 철강 재료와 철근콘크리트는 새로운 재료로서 중요한 위치를 차지했다. 이전에도 건축에 철재를 사용하였으나 19세기 후반부터 강철의 보와 기둥이 근대 공업의 산물로서 본격적으로 사용되었다(그림 13, 14).

19세기 초 대규모 제철 공업이 발달하면서, 주철은 1851년 런던 만국 박람회에서 팩스턴Paxton이 수정궁Crystal Palace을 건축할 때 사용되었다(그림 15). 이후 1855년, 베서머H. Bessemer가 철강 재료의 대량생산 방법을 발명하면서 주철보다 탄성이 좋고 강도가 높은 강철을 일반적인 건축구조 재료로 사용하게 되었다.

그림 13 파리 마들렌의 시장 건물 구조도

그림 14 런던 힝어포드의 생선시장 건물 구조도

그림 15 수정궁

1889년, 뒤테르C. Dutert와 콩타맹V. Contamin이 설계한 파리 박람회의 기계전시관은 강철구조로 지어진 첫 건축물이었으며, 이때 에펠G. Eiffel이 전시회장 입구 건물로서 설계한 에펠탑은 그 시대를 기념하는 대표작이 되었다(그림 16).

철근콘크리트는 19세기 말에 발명된 일종의 혼성 재료로서 압축력이 강한 콘크리트와 인장력이 강한 철근을 재료 역학적인 원리에 따라 결합하여 합리적으로 활용할 수 있도록 한 것이다. 새로운 건축 재료인 강철과 철근콘크리트는 큰 스팬의 보를 만들 수 있어 대규모 공간을 경제적으로 덮을 수 있는 가능성을 제시했다.

또한 대형 판유리 제조법의 개발과 발달은 벽 전체를 유리창으로 하는 새로운 방식을 가능하게 하였다. 이는 사무실, 상점, 공장, 학교, 요양원 등의 건물에 충분한 태양광을 도입하고 통풍을 촉진하여 건강을 개선하고, 능률도 높일 수 있게 하였다.

19세기 초 아카데믹한 건축가들이 과거 양식에 몰두하여 양식적인 건축 표현 요소들을 건축 활동의 수단이 아닌 목적 그 자체로 잘못 인식하고 있을 때 참신한 공학적 건축 작품들이 등장하기 시작했다. 이와 같은 새로운 엔지니어의 작품들은 근대 건축에 영향을 미쳐 건축 양상을 바꾸는 계기가 되었다.

근대 건축의 새로운 가능성을 개척한 새로운 재료와 공법은 모두 근대 과학과 공학에서 연유하였다. 이 시기의 위대한 엔지니어들이 진정한 창조적인 상상력을 통해 설계한 공학적 작품들은 후세에 많은 영향을 주었다. 이들의 아름다움과 순수하고 성실한 매력은 19세기의 아카데믹하기만 한 건축에서는 찾아볼 수 없던 새로운 특성이었다.

그림 16 에펠탑

그림 17 에펠탑의 엘리베이터

강철과 콘크리트는 근대의 과학적 재료로 구조계산에 의해 만들어지며, 구조공학적인 특성에 따라 합리적으로 사용되어 그 형태는 필연적으로 균형적인 형태를 갖추게 된다. 이와 같은 의미에서 볼 때 근대건축은 고딕 건축구조의 특성과 상통하는 점이 있다. 후자가 돌 구조의 합리적인 발전 결과이며 그 시대에 하늘을 우러르는 종교 정신에 적합하였다면, 전자는 과학적인 기능주의에 따른 새로운 시대정신의 소산이라 할 수 있다.

강철·콘크리트·유리 외에도 경금속재·합판·합성재료 등 기타 여러 가지 새로운 재료들의 개발은 건축 활동에 새로운 가능성을 제시했으며, 이 밖에도 신기술과 새로운 전기·기계 설비의 발전은 건축의 면모를 새롭게 하였다. 특히 마천루는 엘리베이터의 출현(1859)으로 가능해졌으며, 냉방 장치 및 각종 전기 기구·조명장치·공기 조화 설비 등의 발전은 근대 건축에 새로운 면을 더했다(그림 17).

이러한 건축 설비는 실내에서 쾌적한 생활을 영위할 수 있도록 했으며, 건축가들은 본래의 소임을 수행하기 위해 새로운 재료와 기계 장치를 건축 활동의 방법에 적용시키려 노력하였다.

근대 건축이 과거의 건축과 판이하게 발전할 수 있었던 것은 근대 공업, 특히 동력 생산에 의존한 공장생산시스템과 밀접한 관련이 있다. 동력은 건축과 관련된 각종 제조공장에서 물건을 만드는 일반적 수단이었다. 제조 속도가 빨라짐에 따라 점차 건설업의 작업 과정도 공장에서 이루어지기 시작하였다. 또한 건축에 사용되는 모든 공장 제품들은 실용적이면서도 아름다운 모양으로 개발되어 고유한, 새로운 미를 탐구하는 방향으로 발전하였다.

근대 건축가는 기계문명에서 단순함과 정밀함의 매력을 배웠다. 즉, 불필요한 것을 모두 제거하는 데서 오는 가치를 깨달은 것이다. 고압선 철탑의 아름다움은 고딕 첨탑의 의미와 같이 설계자가 구축 재료의 특성을 완전히 파악하고 그 공법을 경제적으로 활용하였기 때문에 가능한 것이었다. 근대 건축은 기계문명에서 많은 영향을 받았으며 새로운 건축 재료들을 활용한 새로운 양상을 나타내었다.

근대 건축은 기술 이외의 여러 가지 디자인 요건들을 소홀히 다루지 않았으며, 근대의 요구와 사상 및 가치관에 부응하는 동시에 진실성과 훈훈한 인간적인 정서가 넘치는 환경을 만들기 위해 노력하였다. 뿐만 아니라 근대 건축은 종전의 여러 시대에서 일반적으로 사용하던 목재·석재·벽돌 등의 천연 재료를 적절히 활용하여 보다 변화 있고, 사람들의 공감을 얻을 수 있는 질감과 형태로 건축적 표현을 발전시킴으로써 인간성을 강조하는 면도 소홀히 하지 않았다.

근대 건축은 여러 가지 측면에서 기계문명에 의존하였으나 예술적인 면에서는 여전히 건축가의 통찰력과 상상력이 중요한 역할을 하였다. 건축가는 유용성의 한계 안에서 자신의 상상력을 자유롭게 구사하였다. 따라서 이 유용성과 건축가의 영감에 의한 예술적 센스를 적절하게 조절한다면 어느 때나 훌륭한 가치를 가진 건축을 할 수 있다는 것이 고금을 통틀어 불변하는 기본 원리인 것이다.

신건축사상의 성장 과정

근대 건축가들의 새로운 사상과 신재료 및 신공법의 적용으로 근대 건축의 형태는 과거와 크게 달라졌다. 근대 건축이 성장하게 된 원동력과 그 배경이 된 신건축사상이 어떤 과정으로 확립되었는지 살펴본다면 큰 의미가 있을 뿐 아니라, 그 자체로도 계시적 내용을 가지므로 오늘날의 건축 활동에 미친 영향을 파악할 수 있을 것이다.

근대 건축사상은 과학의 진보로 나타난 실제적이며 정신적인 요구에 부응하여 19세기 후반부터 점차 발전하였다. 새로운 미학 이론, 새로운 장식, 기묘한 건축 형태 등 신건축사상 징후는 다양하게 발견되었다. 이는 시대의 독창적인 산물로 그 본질이 구현된 것도 있었고, 더러 실현되지 못한 것도 있었다. 이러한 여러 가지 실험과 사상이 합쳐져 새로운 건축사상이 구체적으로 형성된 것은 20세기 초경이었다.

19세기 건축은 각종 변혁으로 종래의 사회질서가 와해되면서 역사적 양식을 재현하는 방향으로 일시적으로 전개되기도 했으나, 일부 엔지니어들은 시대적 요구를 충족시키는 새로운 건축을 만들기 시작했다. 또한 과학기술은 점차 일반 국민들의 생활 전반에 많은 영향을 미치게 되었다.

엔지니어들은 건축가들과 무관하게 근대 건축의 방향을 준비할 여러 가지 실험을 진행하였는데, 그중 철골구조와 철근콘크리트구조에 대한 실험이 특히 주목할 만하다. 이와 같은 새로운 재료와 구조에 관한 지식은 일반 건축에 직접 사용되지는 못했다. 그러나 영국을 비롯한 프

그림 18 수정궁 내부

랑스의 엔지니어들이 1851, 1867, 1878, 1889년의 박람회를 위하여 설계한 건물에 활용하면서 철재구조의 가능성이 입증되어 크게 발전하기 시작했다.

1851년 하이드 파크 박람회를 위하여 엔지니어 팩스턴(후에는 정원사로 활동)이 설계한 수정궁은 주철재로 만들어졌으며, 거대한 공간을 아름답고 경제적으로 만드는 방법에 있어서 획기적인 성공을 거두었다. 이 건축물은 새 시대의 기념비로 19세기 초기의 공학적 업적을 대표하였지만, 그 건축적 중요성은 시간이 흐른 뒤에 비로소 재평가되었다. 수정궁은 고딕 정신 부활의 영향으로 순수한 구조적 표현을 구체화하여 단순한 건축미를 가졌다. 또한 공장시스템에 의한 규격 부품과 조립 공정을 이용하여 새로운 시공의 승리를 예시하였다(그림 18).

1880년경부터는 유럽 대륙에서도 신건축을 위한 여러 가지 징후가 나타나기 시작하였다.

벨기에에서 반 데 벨데Van de Velde의 주도하에 조형예술가들 사이에

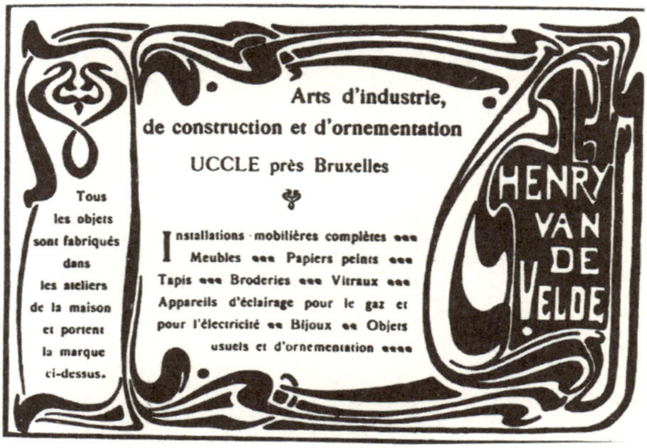

그림 19 반 데 벨데 아틀리에 광고(1898)

서 구조와 형태가 건축의 참된 기반이라는 새로운 경향이 유행하였다(그림 19). 이것을 아르누보Art Nouveau 운동이라 하며, 독일에서는 유겐트슈틸Jugendstil이라 불렀다. 이 운동은 모리스W. Morris의 주장에 간접적으로 영향을 받았으며, 일반 식물 형태에 기본을 둔 유려한 선의 표현이 주를 이루어 전통적 건축 장식의 경직된 기하학적 형태와 대조를 이루었다. 그러나 새로운 종류의 장식을 제안하는 이상의 큰 발전을 이루지는 못했다. 이 운동은 1900년 박람회에서 일시적으로 성공을 거두었지만, 신건축 발전의 기초를 형성하는 데는 직접적인 공헌을 하지 못했다. 대신 이 운동은 19세기의 아카데믹한 건축 양식에 대항하여 새로운 사상을 불러일으켰다.

1898년, 매킨토시C. R. Mackintosh가 건축한 영국의 글래스고 미술학교는 아르누보 양식을 나타낸다. 매킨토시의 꾸밈없고 자유로우며, 지방의 토속적 형식을 보여 주는 전통적 수법은 당시 양식주의에 사로잡

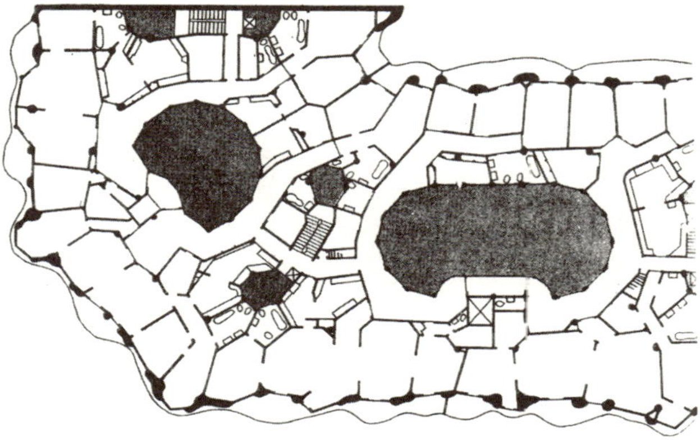

그림 20 카사밀라 평면도

혀 아카데믹한 건축 양식이 유행하던 유럽의 건축계에 큰 반향을 일으켰다.

스페인의 바르셀로나에서 활동한 가우디A. Gaudí의 작품은 아르누보 운동의 영향을 받은 주목할 만한 예이다. 그는 자유자재한 곡선을 사용하여 환상적이고 독창적으로 건축을 표현하였다. 대표작으로는 사그라다 파밀리아 교회(1903~1926)와 카사밀라(1895) 등이 있다(그림 20).

1897년, 오스트리아의 빈에서 호프만이 시작한 제체션Secession 운동은 과거 양식으로부터의 분리와 해방을 지향하는 건축운동으로, 『근대 건축(*Moderne Architektur*)』의 저자이자 이 그룹의 스승이었던 바그너O. Wagner의 영향을 받았다(그림 21). 바그너는 근대 건축의 설계 방침을 다음과 같이 요약하였다.

① 목적을 정밀하게 파악하고 완전하게 충족시킬 것, ② 시공재료의

그림 21 바그너가 설계한 대학 도서관 조감도

그림 22 우편 저금국과 내부

그림 23 제체션관

적당한 선택, ③ 간편하고 경제적인 구조, ④ 이를 토대로 자연스럽게 형성되는 건축 형태가 필요 양식이라는 것이었다. 그가 설계한 빈의 우편 저금국(1906)은 그의 주장을 잘 나타낸다(그림 22).

제체션 운동은 국제적으로 발전하여 각국의 건축가들은 서로의 실험 결과를 교환하고 영향을 주고받았다. 호프만이 설계한 브뤼셀의 스토클레 저택(1911)과 올브리히J. M. Olbrich가 설계한 제체션관(1899) 등은 제체션파의 대표적인 작품이다(그림 23). 올브리히의 대표작들은 1899년부터 계획한 다름슈타트 예술촌을 건설할 때 만들어졌다. 가장 중요한 작품인 대공의 성혼 기념탑은 제체션파의 건축 이념을 잘 나타내며, 다름슈타트의 상징적 역할을 한다. 이 예술가촌에는 독일 뮌헨에 있던, 제체션파에 가까운 건축가인 베렌스P. Behrens도 있었다. 그는 화가로 출발하여 응용미술을 거쳐 건축 활동을 시작하였다.

1907년, 도이처 베르크분트Deutscher Werkbund(독일공작연맹)의 창설은 일견 20년 전 아르누보 운동이 발전한 양상처럼 보이지만 근대 공업, 즉

그림 24 베를린 A.E.G. 터빈 공장

기계 생산에 반대하는 것이 아니라 이를 수용하는 방향으로 전개되었다는 점에서 근본적인 차이가 있다. 이 운동은 새로운 건축사상을 실현시키는 기회를 만들었다. 이 운동의 결과, 베렌스는 독일의 전기 회사, A.E.G.의 건축가 및 제품 디자이너로 임명되었다. 그가 1909년에 건축한 베를린의 터빈 공장은 최초의 근대 건축 작품이라 할 수 있다(그림 24). 이 건물은 전형적인 근대 공업 문제에 대해 합리적인 해결을 제시한 최초의 예였다. 여기에는 철과 유리 등 근대적 재료를 합리적으로 활용하여 단순한 기하학적 형태로 만들어 내는 기념비적 성격이 잘 나타난다.

프랑스는 근대 건축의 신재료인 철근콘크리트를 발명하였을 뿐 아니라, 그 활용에도 지대한 공헌을 하였다. 근대 프랑스 건축가들은 20세기 초 20년 동안 철근콘크리트와 신공법을 건축적인 형태로 만들어 본격적으로 사용할 수 있도록 발전시켰다.

페레A. Perret는 새로운 영감을 느끼게 할 만한 훌륭한 철근콘크리트 건물을 많이 설계하였다. 그중 특히 유명한 것은 파리 프랭클린 가의 아파트(1903)와 파리 근교 랭시의 노트르담 교회당(1923)이다. 전자는 아무

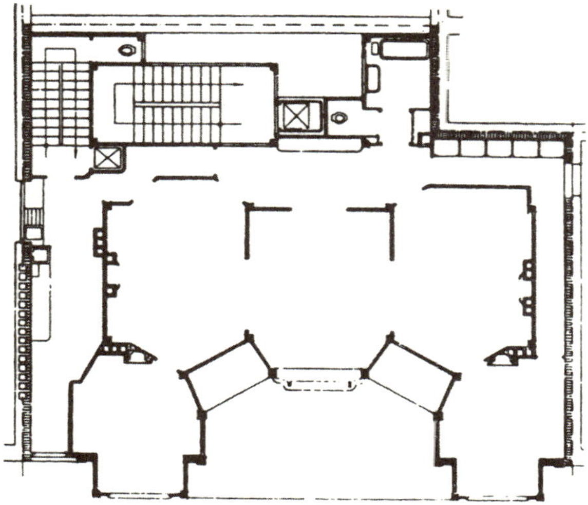

a

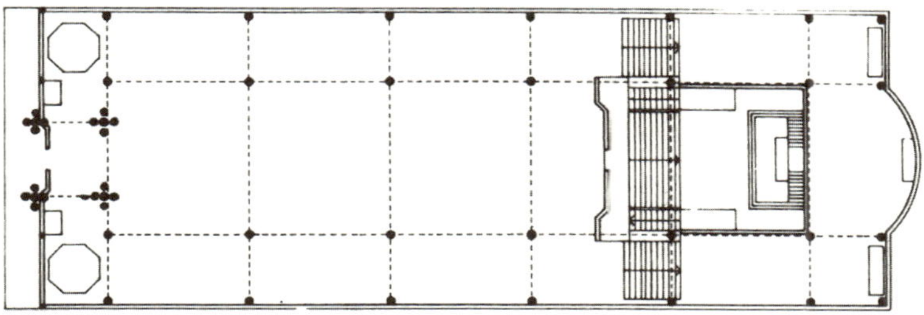

b

그림 25 a 파리 프랭클린 가의 아파트 평면도
b 랭시의 노트르담 교회당 평면도

런 장식이 없는 철근콘크리트 골조를 건물 외관에 그대로 노출한 최초의 건물이었다(그림 25 a). 철근콘크리트의 기둥과 보들은 보기 좋게 얽혀 경쾌하고 새로운 느낌을 주는 건물 외관을 형성하였다. 후자는 이와

그림 26 카슨 피리 스코트 백화점

같은 방식을 더 진전시킨 세련된 건축으로, 구조나 디자인 면에서도 철근콘크리트를 합리적으로 활용한 기념비적 건물로 꼽힌다(그림 25 b).

신건축을 발전시키기 위한 노력은 동일한 시기에 전개된 미국의 고층건축과 시카고 지방의 건축 활동에서도 찾아볼 수 있다. 미국 건축의 초기 개척자였던 리처드슨H. H. Richardson은 로마네스크 양식을 연상시키는 설계를 하였지만, 매우 성실히 표현했다. 1887년에 완성한 시카고의 마셜필드 백화점 건물은 훌륭한 건축이 정직한 구조 표현에 의해 이루어진다는 것을 보여 준다. 제니W. L. Jenney가 설계한 미국 근대의 선구적인 건물인 시카고의 홈 인슈어런스 빌딩(10층)은 1885년에 완성되었으며, 그 이후 많은 사무실용 고층건물이 시카고에 건설되었다. 당시의 마천루들은 철골건축구조, 전동 엘리베이터, 도심지의 지가 폭등, 과열된 선전, 경쟁심 등의 산물이었다. 이것들은 골조구조의 규칙적이고 선율적인 표현을 솔직하게 드러내었으며, 이 중 설리반L. H. Sullivan이 설계한 카슨 피리 스코트 백화점(1899년 건축, 1904년 증축)은 주목할 만하다(그림 26). 설리반의 작품은 시카고파 건축가들의 작품들 중 가장 훌륭했다. 그는 통찰력 있는 건축철학을 가지고, 신천지인 미국의 새로운 건축 이념을 이끌었다. 그는 자신의 건축적 논리를 실제적으로 성숙시

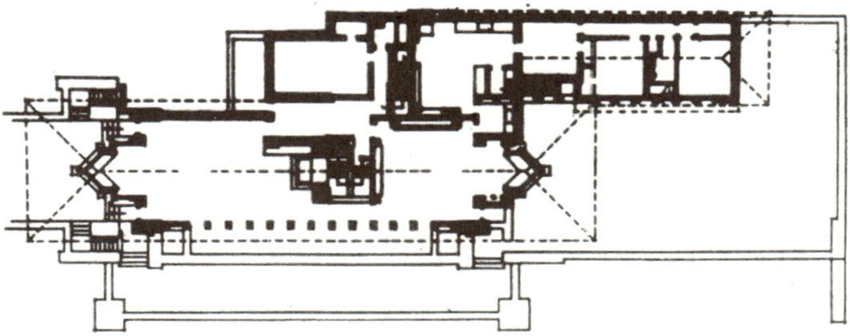

2층

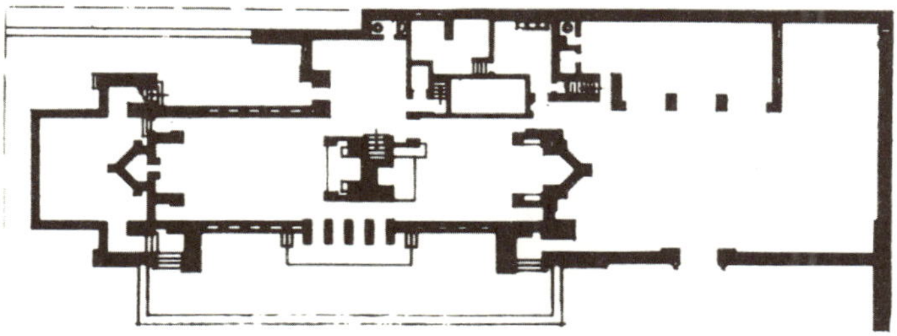

1층

그림 27 로비 하우스 평면도

켜 예술적 리듬을 가진 건축을 많이 구현했다.

설리반의 제자인 라이트F. L. Wright는 동양문화에서 영감을 받았고, 다른 건축가들에 비해 외부와는 상대적으로 고립되어 독창적인 건축철학을 이룬 건축가였다. 그의 초기 주택 작품들은 시카고 주변에 있으며, 로비 하우스(1909)와 쿤리 저택(1909) 및 일본 도쿄의 구제국 호텔(1916) 등이 대표작이다(그림 27). 그는 내부 공간을 자유롭게 계획하였으며, 자연 재료의 본질에서 영감을 얻어 새롭고도 극적인 형태로 발전시켰다.

또한 미국의 풍토와 전통에 근거하여 건물과 풍경의 밀접한 관계를 중요시하는 이른바 유기적 건축 이론을 주장하였다. 그러나 처음에 그의 업적은 미국에서 거의 무시되었으며, 네덜란드의 베를라허H. Berlage가 그를 소개하면서 오히려 유럽의 건축가들로부터 주목을 받기 시작했다.

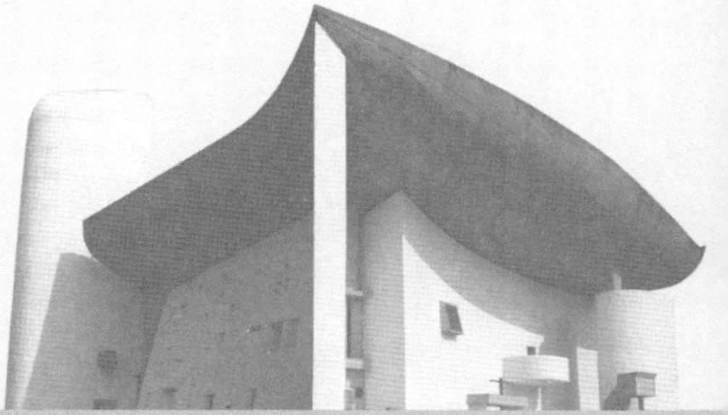

03

20세기 초기 건축

건축문화 개관

20세기 초기 건축은 제1차 세계대전의 시작부터 제2차 세계대전의 종전까지의 시기에 이루어진 건축 활동을 말한다. 20세기 초 유럽 자본주의 사회의 발전 과정에서 경쟁적으로 대립했던 영국권과 독일권은 결국 제1차 세계대전을 발발시켰다. 1919년 독일의 패전 후 유럽은 심각한 경제적 궁핍과 정신적인 혼란 속에서 재건을 서둘렀으며, 그 결과 세계의 정세는 미국, 소련과 같은 비유럽 세력에 대한 유럽 전체의 패배를 뜻하는 형국으로 변화하였다.

제1차 세계대전 후 1920년부터 나타나게 된 변화는 크게 네 가지로 개관할 수 있다. 첫째, 자본주의 산업의 새로운 발전 과정에서 기업의 활동, 특히 이들 시장에 대한 독과점으로 인해 사회제도상의 변화가 나타났다. 둘째, 기술과 공업에서는 급속한 진보가 대규모로 진행되었다. 셋째, 지배계급이 몰락하고, 노동자 계층은 일반대중이 되어 사회주의 사상 및 그 정책을 진전시켰다. 넷째, 국제연맹의 발족으로 국제적 협력을 통해 세계의 평화와 경제 재건을 위해 노력하는 국제주의가 대두하였다.

19세기 말부터 보급되기 시작한 전기 동력은 산업의 입지 조건을 변화시켰다. 산업조직이 대규모로 변하면서 도시에 고층건물이 밀집되고 상업 중심지가 형성되었다. 이와 동시에 노동자 계층의 주택 및 후생시설 개량 문제가 주목을 받았고, 과도하게 팽창하여 비능률적인 도시의 혼란을 방지하기 위한 지구계획과 교통망 재편성 등 도시계획 문제 또한 중요한 건축적 과제로 등장하였다.

대학과 연구소의 전문가들은 새로운 공학적 기술에 대한 연구를 계속하였다. 구조공학의 내용도 정정 구조물을 기본으로 하던 19세기와 달리 부정정 구조물을 기본으로 하는 강접합 가구구조를 주로 사용하였다. 뿐만 아니라 20세기 초부터 건축 현장 작업이 기계화되기 시작했으며, 근대 건축가들은 시공의 기계화와 부재의 공업생산화를 건축의 새로운 조건으로 생각하였다.

조명·음향계획·공기조화 등 새롭게 발전한 이론과 기술은 건축 창작 활동의 기초를 형성하였다. 이처럼 건축 활동과 관련된 모든 기술적 문제들을 합리적으로 종합하여 해결하는 일이 근대 건축가의 주요한 역할이었다. 더 나아가 개별 건물을 합리적으로 해결하는 데 그치지 않고, 새로운 도시와 생활환경 전체의 이상을 사회 및 경제적 입장에서 과학적으로 계획하는 것 또한 근대 건축의 중심 과제로 등장하였다. 1911년경 시작되어 제1차 세계대전 직후부터 조형예술 활동에 많은 영향을 주었던 입체파는 건축에도 큰 영향을 미쳤다.

입체파는 대상의 표면적 외관과 배후에 있는 기하학적 형태 및 구조를 표출하는 데 관심을 가졌으며, 눈에 보이는 모든 형태에서 건축적 미를 돋보이게 했다. 그들은 형태를 표현할 때 대상의 주위를 돌아볼 뿐 아니라 대상의 시간 흐름에 따른 내적 변화를 표현함으로써 공간을 다

그림 28 피카소 정물화(1914)

그림 29 몬드리안 구성

루는 3차원적 논의에 시간을 추가하여 4차원적 논의를 하였다. 따라서 이들은 대상을 분해하고 이를 중첩시켜 내부 구성을 파악하기 위해 노력했으며, 이후에는 관찰자의 심리적인 부분에만 반응하면서 비합리적인 형태로 표현하였다. 이처럼 입체파의 표상은 합리적이지 않았기에 건축과 응용미술에서 직접적으로 활용되지는 못했다. 그러나 입체파는 예술적인 구상으로 새로운 힘과 방향을 제시함으로써 다른 조형 분야에 많은 영향을 주었다. 예로 1917년 프랑스의 르 코르뷔지에Le Corbusier의 순수파, 모스크바의 말레비치K. S. Malevich 등의 구성파, 로테르담의 몬드리안P. Mondrian · 되스부르크T. Doesburg 등의 신조형파, 또는 데 슈틸파, 1919년의 그로피우스W. Gropius에 의한 바우하우스 운동 등에 적지 않은 영향을 미쳤다(그림 28, 29).

순수파와 데 슈틸파 및 바우하우스 운동은 합리주의 조형예술 운동으로서 큰 발전을 이루었으며, 1920년 이후 신건축사상과 원리가 구체적으로 실현된 초기 근대 건축의 기초를 이루었다.

제1차 세계대전 직후의 혼란 속에서 이탈리아의 미래파, 독일의 표현파와 바우하우스 운동, 프랑스의 순수파, 네덜란드의 데 슈틸파, 소련의 구성파 등이 출현하였다. 이들은 이전까지 존재했던 형태에 대한 의식에 변화를 주는 등 새로운 조형 표현 형식을 추구하였다.

제1차 세계대전 이후부터의 근대 건축은 급속한 변화와 발전을 겪었으며, 현재까지 발전은 이어지고 있다. 근대 건축의 발전은 유럽의 프랑스·독일·오스트리아·네덜란드·스위스 등에서 시작되어 이후 스칸디나비아 반도의 국가들과 영국·미국·남아메리카 각국으로 전파되었다.

1920년대의 선구적 건축가들은 합리성과 과학적인 방법을 구조 형태에 적용한 것과 마찬가지로 자신들의 이상을 건축의 평면 계획에 적용하기 위해 노력했다. 그들은 수단과 목적을 적절하게 해결하여 정연한 질서를 갖도록 기능적으로 계획하는 것을 건축 평면 계획의 중요한 기본 원리로 삼았다.

그로피우스는 바우하우스 총서 제1권 『국제건축』(1925)에서 "건축은 항상 민족적이며 개인적이다. 그러나 3개의 동심원인 개인·민족·인류 중에서 최후이자 최대의 원은 동시에 다른 두 원을 포괄한다"라고 말하며, 근대사회의 건축은 재료·구조기술·기능의 조건을 공유하기 때문에 필연적으로 국제적인 공통성을 가질 것이라 주장하였다. 각국의 건축가들이 이와 같은 기능주의적 경향에 공감하면서 연대의식을 형성하여 국제적 성격의 운동이 발전하게 되었다.

이 운동의 구체적인 결과는 1928년, 스위스에서 근대건축국제회의(CIAM: Congrès Internationaux d'Architecture Moderne)의 결성으로 나타났다.

당시 CIAM은 근대 건축운동의 핵심적인 추진 단체로 간주되었으며, 각국 건축가들의 자유롭고 활발한 교류가 이루어졌다. 그 결과 국제적인 성격이 강한 기능주의 건축이 많이 지어졌으며, 이를 통칭하여 국제건축 양식이라 불렀다. 그러나 근대 건축의 성장에 따라 이와 같은 경향은 점차 지역적인 특성을 나타내는 방향으로 발전하게 된다.

미래파

1905년부터 1914년 사이, 전위 화가들은 기본 법칙의 본질적 개혁을 시도하면서 활동의 중요한 전환점을 맞이하였다.

1907~1908년, 피카소P. Picasso와 브라크G. Braque 등에 의한 최초의 입체파 작품들은 이후 레제F. Léger, 그리스J. Gris 등이 제작한 급진적 작품들의 출발점이 되었다. 1909년, 칸딘스키W. Kandinsky는 독일의 예술가 그룹과 함께 '신뮌헨예술가 연맹'을 설립하였다. 1909년, 마리네티F. T. Marinetti의 미래파 선언을 필두로, 루솔로L. Russolo 등의 미래파 회화 선언과 1910년, 보치오니U. Boccioni 등의 조각 선언이 뒤를 이었다.

최초의 미래파는 텍스트로 이루어진 선언문manifesto을 통해 자신들의 주장을 선포하였다. 시인 마리네티는 1909년 2월 20일 자, 파리의 『피가로(*Figaro*)』 지면에 "우리는 새로운 미, 즉 속도의 미가 이 세계의 찬란함을 더 풍부하게 했다고 단언한다"는 선언을 발표했다. 이 선언을 지지한 화가, 조각가, 건축가들은 각자의 분야에서 이를 해석했다. 미래파 선언은 기계 시대의 이미지를 인지하기 시작한 최초의 선언이었다. 미래파의 회화나 조각 및 건축 작품들은 운동감이나 이와 관련된 상호 관입 현상, 동시성 같은 표현들에 기초를 두고 있다.

1914년, 산텔리아A. Sant' Elia는 미래파의 혁명적 정신을 최초로 건축 분야에 도입하려는 시도를 하였다. 산텔리아는 도면으로 자신의 주장을 표현하였으나, 대부분이 투시도였기 때문에 몇 장의 평면도와 단면도만이 남아 있다. 그는 신도시계획안에서 지하철과 엘리베이터, 교통

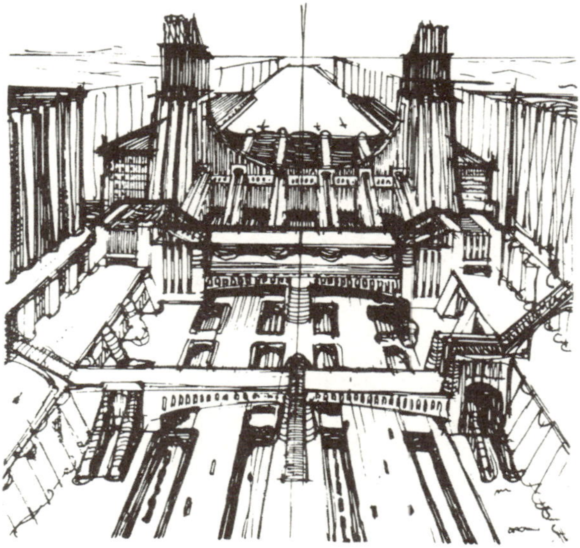

그림 30 산텔리아 신도시계획안

동선들을 서로 다른 레벨로 계획하였다. 산텔리아의 신도시계획안은 1960년대에 비로소 실현된 여러 경향들을 예시하였다. 즉, 기능적이고 역동적인 새 시대의 도시 활동을 도시 형태에 상징적으로 표현하였으며, 1960년대에 일반화된 보행로와 차도를 서로 다른 레벨로 만드는 경향들을 선행적으로 보여 준다(그림 30). 고층 아파트 계획안에서는 미래파적인 운동미를 근대 도시의 예술적 요소로 도입하려 하였다(그림 31).

산텔리아의 예언자적 비전은 후세의 건축이 나아갈 방향을 정확히 지시하지는 못했으나, 사람들이 찾던 신건축의 방향을 보여 주었다. 1916년, 그가 세상을 떠날 무렵 동시대 사람이었던 르 코르뷔지에는 아직 유럽 건축계에 자신의 이름을 알리기 전이었다.

그림 31 지하철 역사 및 아파트 건물 계획안(1914)

미래파는 인간의 모든 활동에 자신들의 주장을 적용하기 위해 노력하였으나 결과적으로는 화산의 분화와 같은, 비교적 단기간의 운동으로 막을 내렸다. 미래파의 대표적 인물들은 불운하게도 요절하였고, 이 외의 사람들도 청년기의 일부 시기를 제외하고는 틀에 박힌 작업에 종사하였다. 반면 입체파 운동은 다면적인 발전 단계를 통해 많은 성과를 축적할 수 있었다. 미래파 운동은 이후의 건축가들에게 무시할 수 없는 영향을 끼쳤으나, 입체파 운동과 같은 기회를 얻지는 못했다.

표현파

제1차 세계대전의 혼란 중 독일의 표현파 운동은 현저하게 두각을 나타내었다. 표현파 건축은 뮌헨의 회화(칸딘스키)와 조각(아키펭코)의 표현파 예술처럼 뚜렷이 드러나지는 않았다. 건축은 다른 예술과 달리 실용성을 무시할 수 없었기 때문이다. 그러나 표현파 건축에서 나타나는 감성적이며 주관적인 표현 방식은 회화와 조각과 동일했다.

표현파 건축은 자유로운 곡선, 부등변의 사각형과 삼각형 및 반원형 등 이전까지 많이 사용하지 않던 형태를 주로 사용하였다. 한편, 전체적인 느낌도 종전의 안정되고 정적인 것과는 반대로 불안정하고 동적인 느낌을 강조하고 있다. 이와 같은 건축은 패전으로 인해 국가적 혼란과 불안에 허덕이던 독일 사람들이 현실에 대한 반항과 새로운 사회에 대한 동경심이 결합하여 한때 매우 인기를 끌었다.

멘델존E. Mendelsohn은 전쟁터의 참호 속에서 건축적인 구상을 대담한 스케치로 남겼는데, 그중 실현된 것이 포츠담에 있는 아인슈타인 타워(1921)이다. 이 건축물은 곡선 형태이며, 비정형의 창들이 뚫린 20m 높이의 타워 정상에는 천체관측 설비가 있다. 아인슈타인 타워과 동일한 시기의 작품으로는 켐니츠에 있는 쇼켄 백화점(1926) 등이 있다(그림 32). 1920년대 후반 작품은 표현파적인 강렬한 표현보다 점차 합리성을 추구하게 되었다. 또 다른 표현파 건축가인 펠치히H. Poelzig는 1919년, 베를린 대극장 개축 시 내부의 천장과 주두에 고드름 형태의 장식을 전면적으로 사용해 사람들을 놀라게 하였다(그림 33). 1914년 쾰른의 베르크분

그림 32 슈투트가르트, 쇼켄 백화점 스케치

그림 33 베를린 대극장 내부

그림 34 유리의 집(독일 공작연맹 전람회)

트 전시회에 브루노 타우트Bruno Taut가 건축했던 유리의 집 또한 표현파 건축이다(그림 34). 그는 『알프스 건축』(1919)에서 알프스 산봉우리에 요정의 성과 같은 건축계획안과 환상적인 표현파 건축 구상도를 발표했다(그림 35). 그러나 이 스케치들은 유리와 강철로 고안되어 실현 가능성이 없었다.

이 시기에는 그로피우스도 3월 전사자 기념비 등의 표현파적인 작품 활동을 했다. 또한 미스 반 데어 로에Mies van der Rohe의 유리 마천루 건

그림 35 알프스 건축 구상도

축계획안에서도 표현파적인 느낌을 찾아볼 수 있다.

1920년대 후반, 표현파 건축이 쇠퇴하면서 건축을 다시 합리적으로 처리하는 방법이 사용되었다. 그러나 새로운 재료와 구조를 낭만적인 건축 표현에 적극적으로 활용한 것은 이후에 철근콘크리트 건축 등에서 새로운 가능성을 발견하는 데 많은 도움을 주었다.

구성파

1917년, 제1차 세계대전 중 사회개혁에 성공한 소비에트 연방은 문화 활동에서도 기존의 고전주의적 사고방식과 표현을 완전히 개혁하기 위해 노력하였다. 건축에서도 새로운 사회의 집단적 의지와 노동의 상징적 표현, 신재료와 합리적 구조에 대한 정열적인 찬미와 신뢰감 등이 집약되어 데 슈틸파, 바우하우스 운동 등과 상통하는 가장 전위적인 운동을 전개하였다.

초기 소련의 구성파는 "정방형은 운동이 없는 형태이고, 입방체는 안정을 표현하며, 나선형은 분명한 혁명의 상징이다"라고 주장하였다. 구성파는 낭만적이면서 상징적이고 형식주의적인 특성을 가졌다.

말레비치의 작품, 아키텍토넨(1920)은 건축 구성을 잘 나타낸다(그림 36). 또한 구성주의 건축의 대표적인 작품이라 할 수 있는 타틀린V. Tatlin의 제3인터내셔널 기념탑 모형(1920)은 당시의 건축에 많은 영향을 미

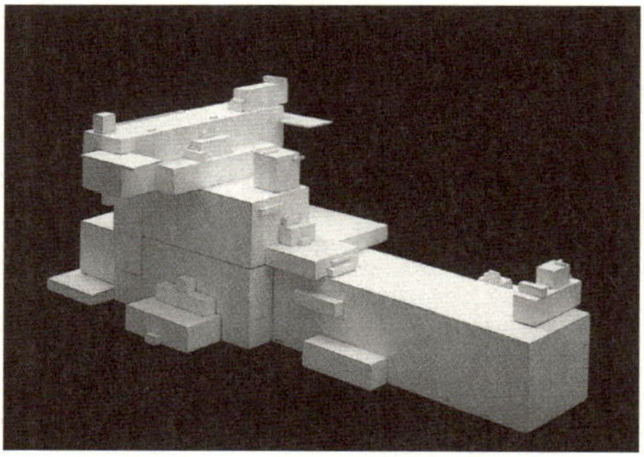

그림 36 아키텍토넨

쳤다. 이것은 혁명을 상징하는 거대한 나선형으로 구성되었다. 아래에서부터 입방체, 각추 원통형 유리로 쌓은 건물이 들어 있으며, 각각의 형체가 단계적으로 1년, 1월, 1일에 한 번씩 회전하도록 설계되었다(그림 37).

그림 37 인터내셔널 기념탑 모형

그림 38 모스크바 노동궁 계획안

그러나 이와 같은 상징적 형식주의는 기술의 영향으로 점차 공업적인 형태를 조형적으로 취급하는 경향으로 바뀌었다. 베스닌 형제A. L. & V. Vesnin의 모스크바 노동궁 계획안(1923) 등을 예로 들 수 있다(그림 38).

그 후 소련의 구성주의가 1923년, 내부적인 사정으로 종식되자 고전적이며 전통적인 건축이 다시 대두되었다. 이후 구성주의의 영향은 오히려 네덜란드와 독일에서 찾아볼 수 있게 되었다.

데 슈틸파

네덜란드의 데 슈틸파, 독일의 바우하우스와 프랑스의 순수파 운동은 근대 건축의 기능주의적 디자인을 확립하는 데 핵심적인 역할을 했다. 네덜란드의 암스테르담파와 대립한 데 슈틸파는 로테르담에서 잡지, 『데 슈틸』(1917년 발간)을 중심으로 구성주의 운동을 전개했다.

이 그룹의 이름은 그들이 발간한 잡지에서 유래하였으며, 화가인 되스부르크, 몬드리안, 건축가인 오우드J. J. P. Oud가 유명했다.

오우드는 베를라허H. Berlage가 건축의 목적과 이를 성취하는 방법을 깨달았다고 생각했다. 그는 "우리 시대 예술 작품은 오직 형태에 대한 감각적인 조화만을 지향하여야 한다"라던 베를라허의 말을 발전시켜 "무장식의 건축은 건축적 구성에서 최대한의 순화를 요구한다"라고 주장하였다.

이 그룹은 합리주의적 사고방식을 통해 주관적인 미의식을 객관적으로 접근하고자 했다. 몬드리안이 화면을 검은 선으로 분할하여 몇 가지 색으로 구성하고, 되스부르크가 평면과 육면체의 입체적 구성을 시도한 것에서 볼 수 있듯, 그들의 목표는 과거의 예술 양식과 장식을 버린 근대 예술이 순수하고 객관적인 아름다움을 갖도록 하는 데 있었다. 따라서 데 슈틸파 건축가들의 작품은 그 형태에 직선과 평면 구성이 나타난다는 점에서 매우 신선하다. 리트벨트G. T. Rietveld가 1924년, 위트레흐트에 만든 슈뢰더 하우스에는 이러한 특색이 잘 나타나 있다. 또한 오우드가 로테르담에 지은 2층 연립주택(1924)은 2개의 연립 주거로 구성되

그림 39 오우드의 로테르담 연립주택

었으며, 그 모듈은 건물 정면에서 보이는 것과 같이 비교적 여유가 있었다(그림 39).

바우하우스 운동

1919년, 독일의 사회민주주의 정부는 아르누보의 헨리 반 데 벨데가 바이마르에 세운 미술학교와 공예학교를 합병하여 바우하우스를 설립하였으며, 그로피우스가 교장으로 취임하였다. 이 학교는 "국립 바우하우스 바이마르"라 불렸으며, 그 후 "바우하우스 데사우"의 활동 기간까지, 10여 년간 유럽의 창조적인 예술운동과 세계 디자인 활동의 중심지가 되었다.

바우하우스의 교육은 공작교육Werklehre과 형태교육Formlehre으로 양분되었다. 전자는 각 공방에서의 실기를, 후자는 관찰법, 표현법, 조형론 등을 교육했다. 즉, 공업과 예술을 결합하여 새로운 건축과 공예를 만드는 연구를 하였다. 그로피우스는 표현파의 경향에서 탈피해야 할 필요성을 느꼈다. 그는 바이마르의 바우하우스에서 스위스의 젊은 화가, 이텐J. Itten에게 기초 디자인 과목을 맡겼다. 이텐은 촉감과 공간감 및 구성의 감각을 가르치는 새로운 교육법을 발전시켰으며, 이러한 분석적인

그림 40 바우하우스의 안내서 표지

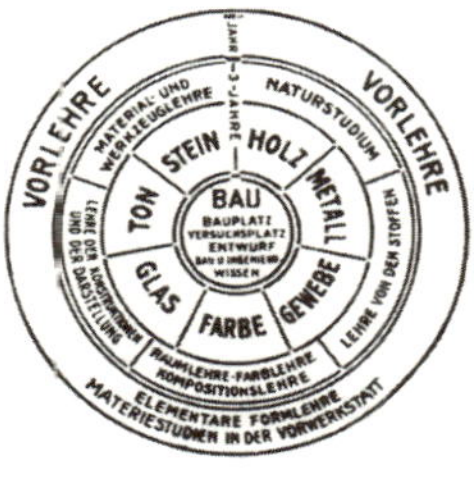

그림 41 바우하우스의 교정도

방법은 향후 바우하우스 디자인 교육에 많은 영향을 주었다(그림 40, 41).

스위스 태생의 클레P. Klee는 1921년에 바우하우스의 교직원이 되었으며, 그 후 슐레머O. Schlemmer, 칸딘스키, 모홀리 나기Moholy Nagy가 초빙되었다. 이들의 지속적인 활동으로 예술의 추상화 운동을 바우하우스에 반영하게 되었다. 이들의 협력에 의한 바우하우스의 교육과 신건축운동은 곧 유럽 전체에서 유명해졌다.

바우하우스 운동은 당시 가장 계획적이고 실험적이며 진보적이었다. 즉, 근대 공업의 소산인 신재료에 대한 과학적인 연구와 합리적인 사용, 생활 기능의 적극적인 파악 등을 근본 목표로 삼아 건축과 공예교육을 시행하였다. 그러나 이러한 활동도 정치적 변화에 의해 압박을 받게 되었고 경제적인 이유로 1924년에 폐쇄되었으며 1925년, 데사우로 이전하여 눈부신 활동을 계속하게 되었다.

순수파

1918년, 화가 오장팡Ozenfant과 건축가 르 코르뷔지에를 중심으로 활동한 프랑스의 순수파는 입체파를 수정하여 발전하였다. 이 두 사람은 신예술 잡지, 『에스프리 누보(*Esprit Nouveau*)』(신정신)를 창간(1921)하였으며, 이는 1925년까지 간행되었다. 이 잡지는 지속적으로 회화, 공예, 건축, 음악, 문학, 영화 등 신예술의 계몽적 평론과 제작 발표를 하였으며, 그 중 르 코르뷔지에의 『건축론』, 『회화론』, 『도시계획론』, 『공예미술론』 등은 단행본으로 출판되었다. 1925년, 파리의 장식미술 박람회에는 르 코르뷔지에가 설계한 에스프리 누보관이 건축되어 파리 시 개조계획(1924)과 레제의 회화 등을 전시하였다(그림 42, 43).

그림 42 에스프리 누보관

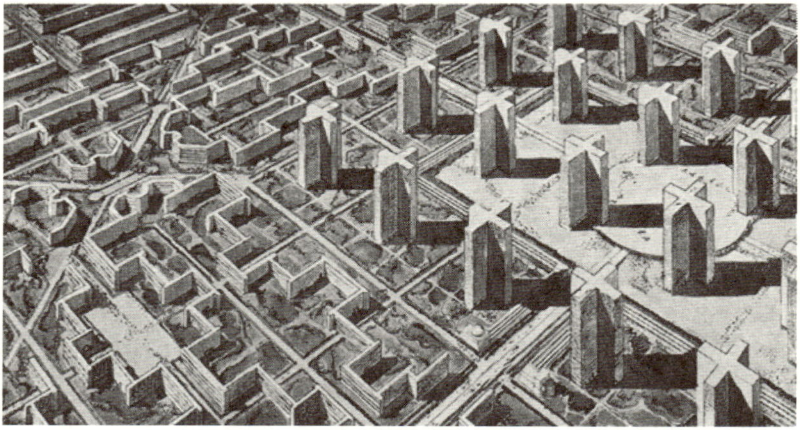

그림 43 파리 시 개조계획

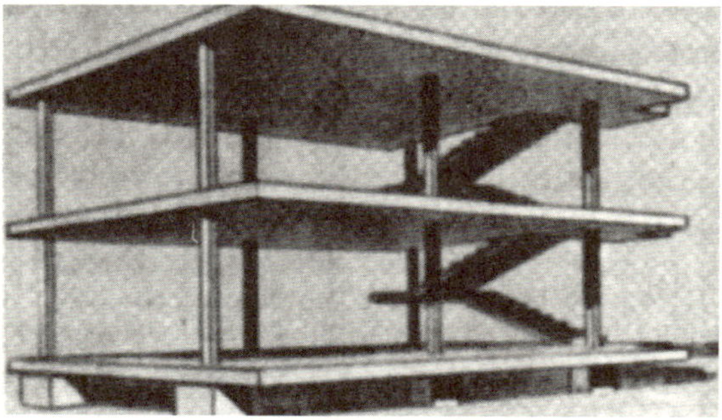

그림 44 도미노 시스템

1914년, 르 코르뷔지에는 철근콘크리트 기둥과 슬래브만으로 된 구조를 고안하여 벽체가 하중에서 완전히 해방된, 도미노 시스템을 만들었다. 도미노 시스템에 의해 그의 근대 건축 원리를 구현할 수 있었으며, 이를 기반으로 한 그의 초기작들은 자유롭고 독창적이었다(그림 44).

미국의 건축문화

미국은 제1차 세계대전 당시 전쟁 지역에서 멀리 떨어져 있어 피해를 입지 않았으며, 오히려 그 영향으로 많은 산업이 호황을 누려 팽창할 수 있었다. 뉴욕 시는 지가 폭등과 상업 자본의 융성으로 마천루가 즐비하게 건설되었다. 높이 319m의 크라이슬러 빌딩(1930)과 당시 세계 최고의 높이를 자랑하던 381m의 엠파이어 스테이트 빌딩(1931)은 이런 고층 건축문화의 절정을 상징적으로 보여 주었으나 건축 양식이 참신하지는 않았다.

이와 같은 고층화 추세에 따라 1922년에는 미국 신문사인 『시카고 트리뷴(*Chicage Tribune*)』의 국제설계 현상 공모가 있었다. 현상 공모에는 그로피우스, 타우트, 로스 등 다수의 유명한 유럽 건축가들이 응모하였으나, 고딕 양식을 반영한 후드R. Hood의 계획안이 당선되어 1925년에 완공되었다. 그러나 가장 우수했다고 평가받은 것은 그로피우스와 마이어의 협동 작품으로, 철골철근콘크리트의 라멘Rahmen구조가 외관에 나타나도록 합리적으로 디자인된 것이었다. 세계 최초로 이루어진 이 현상 공모는 전 세계의 건축가가 국제적으로 교류할 수 있는 좋은 계기가 되었다.

미국의 건축은 시카고파, 라이트의 건축 활동을 제외하고는 전반적으로 유럽에 비하여 상당히 뒤떨어져 있었다. 후드도 1931~1935년에 록펠러 센터의 설계부터 인상적인 건축 표현을 갖는 건물을 만들게 되었다.

국제주의 건축 활동과 CIAM

국제주의 건축은 1928년, 스위스에서 근대건축국제회의(CIAM: Congrès Internationaux d'Architecture Moderne)가 결성되면서 구체적으로 나타났다. 당시 CIAM은 근대 건축운동의 핵심적인 추진 단체로, 각국의 건축가가 매우 자유롭고 활발하게 교류하였다. 이러한 영향으로 세계 각국에 국제적인 성격이 강한 기능주의 건축이 많이 지어졌다. 이를 통칭하여 국제건축 양식이라 불렀으나, 근대 건축의 성장으로 이와 같은 경향은 점차 지역적 특성을 나타내는 방향으로 변화하였다.

초기의 근대 건축은 세련된 작품은 많지 않았으나 성숙했고, 근대 건축사상이 확립되었던 시기이다. 이 시기에 큰 공헌을 한 중요 건축가는 다음과 같다.

- 독일: 그로피우스(Walter Gropius), 멘델존(Erich Mendelsohn), 타우트(Bruno Taut), 펠치히(Hans Poelzig), 미스 반 데어 로에(Ludwig Mies van der Rohe)
- 프랑스: 르 코르뷔지에(Le Corbusier)
- 네덜란드: 오우드(Jacobus Johannes Pieter Oud), 로헴(Loghem), 브링크만(Johannes Brinckman)
- 벨기에: 반 데 벨데(Henry van de Velde)
- 핀란드: 알토(Alvar Aalto)
- 스웨덴: 군나르 아스플룬드(Erik Gunnar Asplund), 마르켈리우스(Sven Markelius)

- 체코: 고차르(Josef Gocar), 푹스(Fucks)
- 헝가리: 포르바트(Alfréd Forbát), 브로이어(Marcel Breuer)
- 오스트리아: 프랭크(Joseph Frank), 슈트르나드(Oskar Strnad)
- 스위스: 모저(Karl Moser)
- 스페인: 세르트(Louis Sert)
- 러시아: 타틀린(Vladimir Tatlin), 리시츠키(El Lissitzky)
- 미국: 라이트(Frank Lloyd Wright), 노이트라(Richard Neutra), 후드(Raymond Hood)
- 영국: 프라이(Maxwell Fry), 윌리엄스(Owen Williams)

이들 중 일부는 이후 다른 나라로 이민하여 작품 활동을 했다. 그 원인 중 하나는 독일의 반진보적인 나치 독재정권의 영향 때문이었다. 근대 건축사상은 합리적이고 실제적이며 국제적인 입장을 고수하였기에 국가주의를 중시하던 나치 국수주의자들의 배척을 받았다. 1933년, 나치 독재정권의 출현으로 독일 근대 건축가들의 업적은 종지부를 찍었으며, 많은 유명한 건축가들이 다른 나라로 망명하였다. 그러나 이는 초기의 근대 건축사상이 여러 나라로 보급되는 중요한 계기가 되었다.

그로피우스는 1934년부터 영국에 머무르면서 그의 원숙한 체험을 영국의 젊은 건축가들에게 전했다. 멘델존과 브로이어도 한때 영국에서 머물렀으나, 이들은 1930년대 말 모두 미국으로 이주하였다.

그로피우스는 미국 하버드 대학의 건축학 교수가 되어 그곳을 진보적 건축사상의 중심지로 만들었다. 또한 미스 반 데어 로에는 미국의 일리노이 공과대학(IIT)의 건축학 교수로 부임하여 정밀하고 이론적이며 순수기하학적인 건축 형태를 연구, 발전시켜 많은 추종자를 얻었다.

1930년대에 스칸디나비아에서 일어난 건축 활동은 많은 실험적 교훈을 남겼다. 1930년, 스톡홀름 박람회에서는 시내의 한 구획에 일관성 있는 근대 건축 양식의 건물을 설계하고 배치하여 구역 전체가 연관성을 가지는 새로운 건축의 도시 생활환경을 조성하였다. 스톡홀름의 화장장 건물(건축가 아스플룬드)도 좋은 예라고 생각한다(그림 45).

스웨덴은 이때부터 근대 건축에서 급속한 진전을 보았다. 그들의 건축은 자연재료에 대한 관심, 온건한 가정적인 척도 개념, 자연 풍경과의 적절한 관계, 공장工匠들의 세심한 주의력 등을 공통점으로 가지면서, 근대 건축에 보다 인간미 있는 성격을 부여하였다.

이 시기 핀란드에는 걸출한 건축가 알토가 있었다. 그의 대표작에는 파이미오의 사나토리움(1933), 마이레아의 저택(1938), 뉴욕 만국 박람회의 핀란드관(1939) 등이 있다. 그는 그 지방의 전통적 재료인 목재를 독창적으로 활용하고, 새로운 구조법인 철근콘크리트를 대담하게 사용하여 근대 건축이 얼마나 심오하고 풍부하게 인간적 가치를 건축에 구현할 수 있는지 보여 주었다.

미국의 캘리포니아 지방에는 오스트리아에서 이주해 온 노이트라가 신건축 이념에 따라 새로운 건축 기술로써 훌륭한 주택을 설계했다. 그는 건물과 풍경의 관계에 대해 숙고하였다. 기온이 높고 건조한 기후를 고려하여 실내공간의 상호관입에 중점을 두었으며, 평지붕 형식을 주로 사용하였다.

1930년대에도 전형적인 미국의 구조물인 고층 사무실 건축이 발달했다. 이 시기의 고층건축은 상승하는 선과 동일한 창이 반복되는 새로운 건축미를 나타내게 되었다. 그중 뛰어난 실례는 뉴욕에 있는 데일

그림 45 화장장 건물 외부

그림 46 뉴욕 데일리 뉴스 빌딩

그림 47 뉴욕 록펠러 센터

리 뉴스 빌딩(레이먼드 후드·존 미로·미드 하우엘스 설계, 1930)과 광장을 중심으로 일단一團의 고층건축을 종합적으로 계획·건축한 록펠러 센터(1940) 등을 들 수 있다(그림 46, 47). 록펠러 센터의 중심건물인 RCA 빌딩은 새로운 형태의 마천루가 등장했다는 것을 의미한다는 점에서 주목할 만하다. 뉴욕 데일리 뉴스 빌딩이 이 건물의 직접적 앞선 사례에 해당한다.

1923년 노이트라가 미국으로 이주하고, 핀란드인인 엘리엘 사리넨 Eliel Saarinen이 미국으로 이주하는 등, 1920년대 유럽 여러 신예건축가들의 미국에 대한 관심이 높아져 유럽과 미국 사이의 국제적인 건축문화 연계는 점점 더 강해졌다.

영국은 30년 전 보이지C. Voysey와 매킨토시의 활동 이후 큰 발전이 없었다. 그러나 1930년경부터는 이들의 영향을 받아 형성된 유럽의 근대 건축사상이 영국으로 들어왔으며, 그로피우스, 멘델존, 브로이어 등의 유명 건축가들의 망명으로 한때 근대 건축의 중심지가 되기도 하였다.

영국에 근대 건축가의 수가 점차 늘어나면서 1931년, 근대 건축 연구 단체인 MARS가 창설되었다. 그들의 목적은 공동 협력을 통해 근대 건축의 기술과 연구를 조직화하는 동시에 국제적으로 영국의 근대 건축 운동을 대표하는 것이었다.

근대 건축가들의 활동은 제2차 세계대전의 발발로, 중립국이던 스웨덴과 스위스를 제외하고는 1945년까지 중지될 수밖에 없었다. 그러나 남미에서는 르 코르뷔지에의 방문에 자극을 받은 야심적인 근대 건축의 일파가 생겨 급속한 발전을 이루었다.

이들 중에는 리오 대학 계획에서 르 코르뷔지에와 같이 활동한 후 그를 고문으로 하여 리오의 문교부 건물을 설계한 니마이어O. Niemeyer, 코스타Costa 등이 있다. 그들은 르 코르뷔지에가 제안한 기능적이며 장식적인 일조 조정 장치인 브리즈 솔레이유Brise Soleil를 전면적으로 사용하여 성공적인 효과를 얻었다.

제2차 세계대전 후 처음 몇 년은 새로운 전환과 준비의 시기였다. 유럽에서는 전쟁으로 파괴된 건물들의 복구 작업과 수백만에 달하는 전쟁 난민들을 위한 주거 재건 사업이 제일 먼저 시행되어야 할 필수 과제였다.

그림 48 레이크 쇼어 드라이브 아파트

르 코르뷔지에는 1946년, 마르세유의 집합 주거인 유니테 다비타시옹의 설계를 위임받아 1952년에 완공했다. 시카고에 건축된 레이크 쇼어 드라이브 아파트(미스 반 데어 로에 설계, 1949~1951)는 1949년부터 새롭고 현저한 근대 건축의 시작을 느끼게 했다(그림 48).

1950년대 건축은 공업기술주의에 의한 기술적 탁월성과 정밀성이 미적 이념으로 중요한 역할을 하게 되었다. 이는 미스 반 데어 로에의 영향에 따른 것으로, 그 대표적인 예로는 SOM 회사가 설계한 뉴욕의 레버 하우스 빌딩(1951~1952)이 있다.

특히 미스가 설계한 시그램 빌딩(1955~1958)은 공업기술주의 건축의 절정을 보여 주었다.

1928년 6월, 스위스의 라 사라에서는 근대 건축운동의 새로운 협동적인 발전을 위한 협의체가 이루어졌다. 이곳에서 "국제적인 계획에 따라 우리들의 정신 및 물질적인 희망을 실현하기 위해 상호 제휴하고 지원할 것을 선언한다"는 내용을 골자로 하는 '라 사라' 선언이 발표되어 CIAM이 결성되었다. 그들의 목적은 "건축과 도시계획에 있어 사회적·과학적·윤리적·미학적 개념과 일치하는 환경을 창조한다. 그에 따라 인간의 정신적·물질적 요구를 만족시키고, 인간 활동과 자연환경을 조화시켜 커뮤니티의 생활과 통일된 개성의 발달을 육성하는 것"이었다.

제3차 회의는 1930년 브뤼셀에서 개최되었다. 이 회의는 CIAM의 모든 회의 중 가장 길었지만, 가장 많은 흥미를 유발하였으며 결실 또한 많았다. 우수한 연구가 준비되어 각 그룹마다 33개 도시를 분석적으로 비교할 수 있었다. 이러한 연구를 기초로 도시계획의 여러 원칙을 아테네 헌장으로 규정할 수 있었다.

이처럼 1920년대 유럽 근대 건축 활동의 노력이 결집된 새로운 건축 원리는 CIAM을 통해 의식적으로 공통의 국제적 주제가 되었다. 그 후 이 정신이 세계 각국으로 보급되면서 CIAM은 근대 건축운동의 핵심적인 추진 단체로 간주되었다.

CIAM은 공통된 건축 활동의 기반을 설정하기 위한 개인주의자들로 이루어진 집회였다. 회의 참가자는 회의의 일반적 주제에서 관심이 빗나가지 않는 개인적인 작업물을 전시하여 서로 토론과 비평을 하는 것이 불문율이었다. 근대 건축의 위대한 선구자들도 이 규율을 따랐다는 것이 CIAM 정신의 특징이었다. CIAM은 하나의 전위적인 운동이었다. 예술의 세계에서 전위적인 운동은 통상 짧은 생명을 가지곤 했지만, CIAM의 운동은 30년 이상 지속되었다. CIAM의 창설자들은 1960년대까지 그 운동을 지도하였으나 대부분 대규모의 설계 실무에 종사하면서 시간적 여유가 사라졌다. 그 결과 제10차 회의는 더 젊은 건축가 그룹인 팀 텐Team X이 준비하게 된다.

스미스슨Smithson 등이 1965년에 두브로브니크에서 개최된 CIAM 제10차 회의를 위해 준비한 주제는 ① 클러스터cluster, ② 모빌리티mobility, ③ 성장과 변화, ④ 도시의 건축 등이었다. 이 회의에서는 전체보다는 부분을, 고정보다는 변화를, 고정된 미학에서 열린 미학으로, 조직보다는 개인을 존중하는 것 등을 주장했다. 이 회의에서 팀 텐을 결성한 젊은 건축가들과 기존의 거장인 그로피우스, 르 코르뷔지에, 기디온S. Giedion 등의 대립이 심화되어 결국 CIAM의 해체를 유발하게 되었다. 이를 계기로 근대 건축의 역사는 막을 내렸으며 건축에서도 새로운 발전 양상들이 나타나게 되었다.

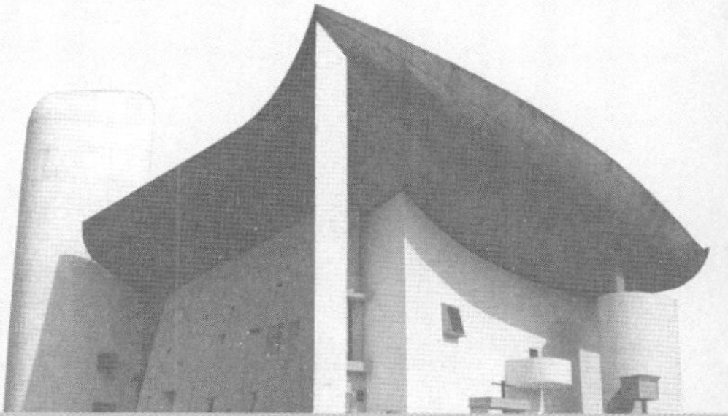

04

근대 거장 건축가의 활동

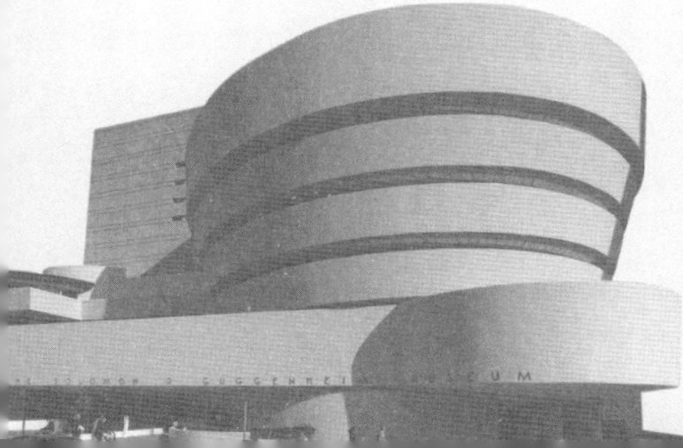

발터 그로피우스

1920년대부터 시작하여 1930년대에 이르는 근대 건축의 중요한 형성기는 그로피우스, 르 코르뷔지에, 라이트, 미스 반 데어 로에 및 알토 등의 건축 활동을 살펴봄으로써 그 개요를 알 수 있다. 이들은 근대 건축의 발전에 크게 공헌한 거장 건축가들이며, 이들의 작품들은 근대 건축의 경향을 잘 나타내고 있다.

1911년경 그로피우스의 초기 작품은 공업과 관련된 건물로, 베렌스의 전통을 직접 계승하였으며 제1차 세계대전 후에 그는 더 큰 건축 활동의 기회를 갖게 되었다. 당시 대규모의 집단주택계획(1929)들이 제안되자, 그로피우스는 학교와 상점가 및 적당한 오픈 스페이스의 계획까지 갖춘 근대적인 아파트 단지를 설계하였다. 그를 특히 유명하게 만든 것은 1919년 데사우에 디자인 종합 학교인 바우하우스를 창립한 것이었다. 그는 학교 시설을 새로운 건축 이념에 따라 설계하고 건설(1926)하여 새로운 디자인 개념과 실기를 교육하였다. 이 교육들은 근대 건축의 새로운 발전에 큰 공헌을 하였다.

바우하우스 운동은 급속하고 광범위하게 전 세계로 영향을 미쳤으며, 바우하우스는 당시 전개되고 있던 신건축운동의 이론적 중심이자

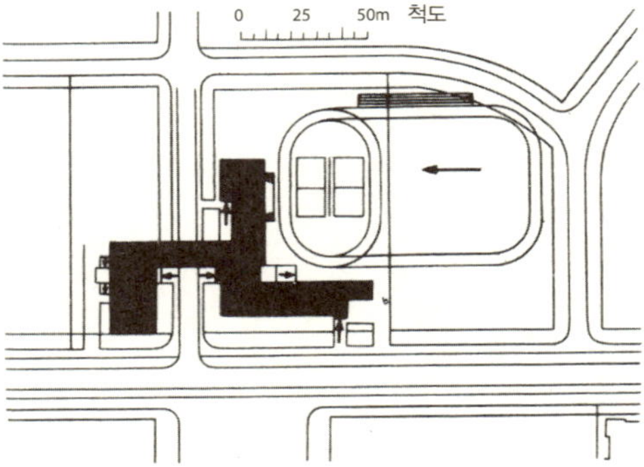

그림 49 바우하우스의 배치도(⇧)와 2층 평면도(⇩)

1. 부속공업학교
2. 공방
3. 식당과 무대
4. 학생기숙사 및 아틀리에
5. 관리 부문

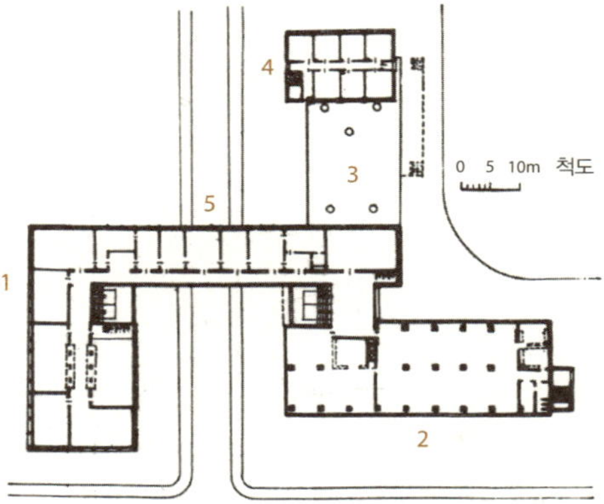

영감의 원천이 되었다. 바우하우스 건물(1926)과 시카고 트리뷴 회사 건축 현상 응모 계획안(1922) 및 그로피우스 저택(1938) 등에서 볼 수 있듯 그로피우스의 건축 작품은 매우 합리적이며 모든 부분을 완전히 조정하여 성실하고 고귀한 멋을 가진다. 이러한 성실한 특성은 르 코르뷔지

에의 작품에서 볼 수 있는 낭만적이고 시적인 성격과는 매우 대조적이었다.

바우하우스의 주요한 기능은 참신한 건물 외관을 형성하는 유리 커튼월curtain wall을 통해 잘 표현되었다. 바우하우스는 1926년 건축 당시에 새로운 공간 개념이 건축 집합체 형성에 얼마나 큰 역할을 하는지 실증하였다. 바우하우스는 근대 건축의 새로운 발전 방향을 제시한 역사적인 건축으로 중요하게 평가되고 있다(그림 49).

그로피우스는 하버드 대학 건축대학에 부임한 직후, 매사추세츠 주 케임브리지에서 20마일 정도 떨어진 링컨에 자택을 건축하였다. 그는 스크린을 설치한 포치를 집에서 돌출시켜 식당을 연장하여, 무덥고 다습한 여름에 동서의 미풍을 받을 수 있도록 설계하였다. 벽면 일부분에는 그 지방의 전통적 수법인 수평 방향의 널판 벽을 수직으로 붙였으며 거실에는 큰 창을 만들었다. 건물의 전체적인 모습은 뉴잉글랜드 지방의 건축적 특색에서 지나치게 동떨어지지는 않았다(그림 50).

그로피우스는 근대 건축의 도덕주의자인 동시에 위대한 교육자였다. 그는 최초의 근대적 디자인 학교인 바우하우스를 개설하였고, 1937년부터는 하버드 대학에서 교수 생활을 하였다. 그는 교수직에서 은퇴하고 난 뒤에도 젊은 건축가들의 교육 문제에 지속적인 관심을 가졌다. 그로피우스의 견해는 과거뿐만 아니라 현재에도 효과 있는 지도 방향을 제시하고 있다. 그는 사실에 입각한 지식의 과대평가에 대한 위험성을 지적하였으며 모든 교육이 성공하기 위해서는 사회적 이념을 반드시 수반해야 한다고 인식하고 이를 반복하여 주장하였다.

그로피우스는 젊은 건축가들과 TAC(The Architects Collaborative)를 만

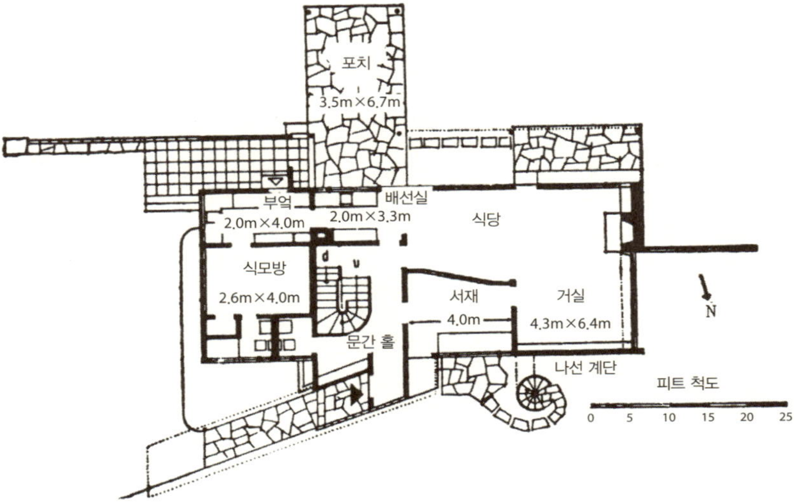

그림 50 그로피우스의 저택 평면도

들어 협업함으로써 주도적인 역할을 하는 입장에서 물러섰다. 그는 이 팀과 함께 두드러지지 않은 성격의 작품 활동을 하였으며, 그 작품들은 그가 초기에 성취한 것들과는 비교가 되지 않았다. 예를 들어 데사우의 바우하우스 건물은 시대를 막론하고 우수한 건축물로 근대 건축운동에 큰 영향을 미쳤다. 그러나 케임브리지에 있는 하버드 그래듀에이트센터(1949~1950)는 그러한 의미를 갖는다고는 할 수 없다.

하버드 그래듀에이트센터는 단기간에 TAC가 설계하였다. 이 건물은 평지붕의 3층과 4층의 기숙사, 2층의 공용 건물, 그 앞에 한 단 낮추어진 정원 등이 상호작용을 이루도록 설계되어 있다. 공용 건물은 하버드 대학원생의 교내 생활의 중심을 형성하며, 신중하게 계획된 구성으

그림 51 바그다드 대학교 설계도

로 인해 전체 건축 공간 속에서 클라이맥스를 형성한다.

TAC는 1957년 바그다드 대학교를 계획하였으나 건축 공사 중 여러 가지 지역적인 문제와 당국의 극적인 정권 교체로 어려움을 겪었다(그림 51). 뉴욕의 그랜드 센트럴 스테이션의 하늘 높이 솟은 팬아메리칸 빌딩(1958~1963)도 그런 예 중 하나였다. 이 건물은 규모 면에서 큰 논쟁을 일으켰으나, 건축 구성상의 뛰어난 감각을 널리 인정받았다.

그로피우스는 파구스 공장(1911)에서 몇몇 근대 건축의 결정적 요소를 처음으로 도입했다. 특히 유리 커튼월 공법에 관한 최초의 고안과 그 적용이 이곳에서 구현되었다. 데사우의 바우하우스에서는 커튼월의 투명성이 잘 표현되었다. 아테네의 미국 대사관에서는 반세기 이상 경과된 이 커튼월 접근 방식이 다시 적용되었다. 여기서는 유리벽과 그 투명성이 그대로 유지되었는데, 이 건물 전체의 구성에 부합하도록 되어 있다. 정방형 평면을 가진 대사관 주위에는 대리석을 입힌 독립 기둥이 나

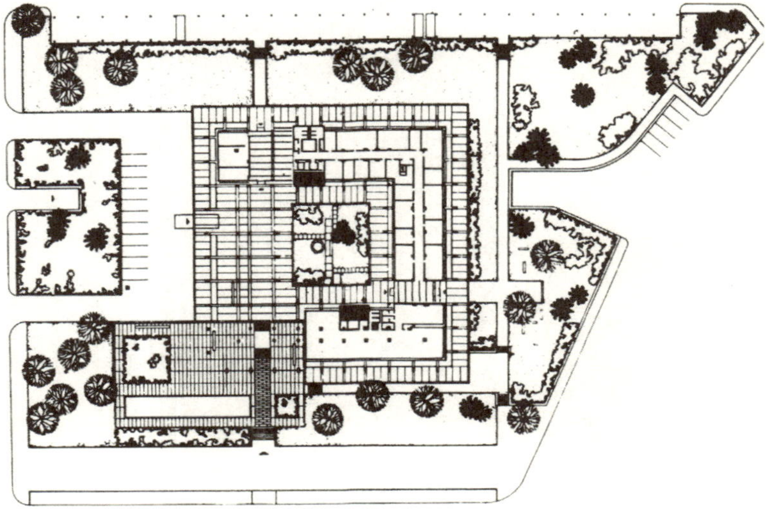

그림 52 아테네 미국 대사관 평면도

란히 서 있다. 지붕의 처마는 공중으로 돌출하여 그늘을 형성하며, 처마 부분에 통풍을 위한 넓은 슬리트slit를 뚫어 축적된 열이 위로 빠져나가도록 했다. 이와 같이, 아테네의 미국 대사관에는 그로피우스의 건축설계 능력이 명확하게 나타나 있다(그림 52).

르 코르뷔지에

르 코르뷔지에는 스위스 태생으로 본명은 에두아르 잔느레E. Jeanneret이다. 그는 파리에서 활동한 프랑스 건축가로, 선동가적인 성격과 건축가로서의 성격이 서로 불일치하는 점이 다소 있어 후학들에게 당혹스러움을 주기도 한다. 그의 저서는 기능주의와 밀접한 관련이 있으며, 새로운 유토피아의 건축철학과 합리적인 계획 이념이 넘친다. 그러나 그의 건축 작품들은 그로피우스보다 덜 기능주의적이다. 그런 면에서 그로피우스가 설계한 건축들이 훨씬 더 사회적 요구와 직접적 관련을 갖도록 계획된 것을 알 수 있다.

르 코르뷔지에의 초기 작품들은 사보아 저택(1929)과 제네바 국제연맹 본부 계획안(1927), 파리에 있는 스위스 학생회관(1932), 알제리의 도시계획(1929~1934) 등이 있다. 그의 작품은 매우 개성적이고 충동적이다(그림 53, 54).

르 코르뷔지에는 근대적 기술을 적용하였으나 건설보다는 디자인에 치중한 감이 있으며, 그의 대표 작품들은 입체파의 영향을 받은 기하학적인 형태와 시적 상상력이 넘치는 기법을 보여 준다. 그는 자연에 도전하는 경향을 보였으며, 얼핏 보기에는 부자연스러운 근대 콘크리트 구조인 필로티pilotis를 활용하여 건물을 대지에서 공중으로 띄워 올리는, 극적인 공간 구성의 효과를 창안하였다. 그러나 기하학적인 형태의 지나친 추상적 표현과 기교로 흐른 감도 없지 않다.

이미 화가, 건축가 등이 전문화된 시대였기에 둘을 겸했던 르 코르

그림 53 제네바 국제연맹 본부 계획안 투시도

뷔지에는 예외적인 사람이었다. 그는 평상시 오전에는 그림에, 오후에는 건축설계에 전념했다. 그의 건축적 착상은 용이하게 이루어졌지만, 회화 작업에서 그는 늘 도전적으로 분투해야 했다.

그는 자신의 건축적 착상을 실천하는 표현 수단으로 철근콘크리트를 사용했다. 이 관점에서는 그가 프랑스의 전통을 따라 페레A. Perret와 토니 가르니에Tony Garnier의 작업을 계승하였다고도 생각된다. 당시 건축가들이 철근콘크리트를 용이하게 사용할 수 있는 곳은 프랑스뿐이었다. 독일이나 영국은 철근콘크리트의 우아한 구조 형태에 대한 의구심을 가졌기에 불필요한 건축법상의 규제가 있었다. 그러나 프랑스인들은 자신들의 건축물에 경쾌성과 정확성을 요구하였으므로 이에 맞는 건축법을 만들어 사용하였다.

르 코르뷔지에 건축의 출발점은 1915년에 발표한 도미노라는 구조 계획도였다. 그것은 6개의 철근콘크리트 기둥과 2개의 계단으로 연결된, 3개의 수평 슬라브로 구성되어 있었다. 도미노 시스템은 기술자가 발전시켰던 콘크리트 구조를 건축적 표현의 수단으로 만든 것이었다.

르 코르뷔지에는 근대 건축과 구조를 설계하는 기본으로 다음의 5원칙을 주장했다.

① 필로티(pilotis): 건물은 개방된 공간에 독립적으로 서 있는 기둥들 위에 세워야 한다. 주택은 필로티 위에 세워 공중에 떠있는 모양으로 만든다.

② 수평의 띠창(ribbon window): 골조로부터 외벽을 기능적으로 독립되게 만들어 파사드를 자유롭게 설계할 수 있다. 따라서 창은 방해 없이 수평으로 연속되게 만들 수 있게 된다.

③ 자유로운 평면(free plan): 철근콘크리트 골조를 기술적인 것에서 미학적인 수단으로 전환시켰으며, 주택의 내부 공간을 변화 있게 만들기 위해 간막이벽을 사용했다.

④ 자유로운 파사드(free facade): 기둥은 건물 표면보다 후퇴하여 세우며, 바닥면은 기둥 외부로 돌출하여 나간다. 파사드는 단순한 커튼월과 유리창으로 된 외피로 이루어진다. 이것은 도미노 구조의 당연한 귀결이었다.

⑤ 옥상정원(roof garden): 르 코르뷔지에는 기술적·경제적·기능적 및 정신적인 이유로 평지붕과 옥상정원을 채택할 것을 권유한다. 옥상정원에는 화초, 관목, 나무, 잔디 등을 심는다.

그는 1922년 본격적으로 건축설계를 시작한 이래 이 5원칙을 활용하고 발전시켰다. 이후 개인 주택들을 설계한 경험을 바탕으로 이 원칙

그림 54 사보아 저택의 외관

들을 더욱 순화된 형태로 사용할 수 있게 되었다.

이와 같은 원칙들은 1930년 푸아시에 세워진 사보아 저택에서 가장 순수하게 표현되었다. 르 코르뷔지에는 주택의 계획과 설계에서 주택 내·외부 공간의 연결과 내부 공간 자체의 새로운 가능성을 창출하기 위

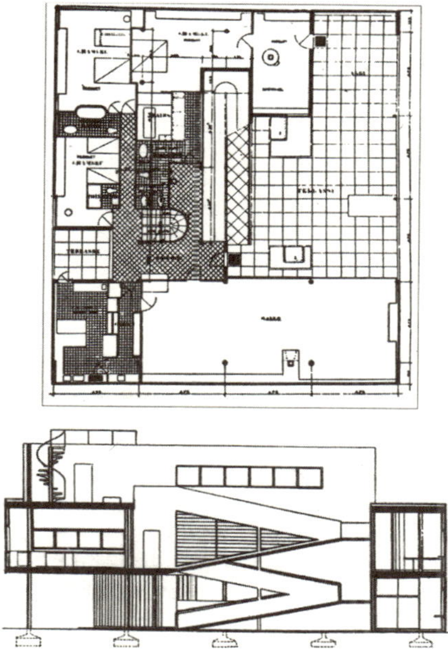

그림 55
사보아 저택 평면도와 단면도

해 주택을 개방적으로 설계하였다(그림 54, 55).

이 집은 필로티 위에 세워진 입방체이며, 속이 완전히 차 있는 덩어리가 아니라 태양이 비칠 때 내부에 광선이 충만해지도록 동남향과 서남향의 부분을 개방하였다. 주출입구의 홀은 북서쪽에 있으며 도로에서 접근하려면 집의 남쪽으로 돌아와야 한다. 이 집은 사방이 개방되어 있어 실제로는 정면과 후면의 구별이 없다. 사보아 저택을 한 지점에서 보고 이해하기는 불가능하며, 시간과 공간의 4차원적인 구성체를 이루고 있다.

스위스 학생회관은 르 코르뷔지에의 건축적 구상력이 잘 나타난 유

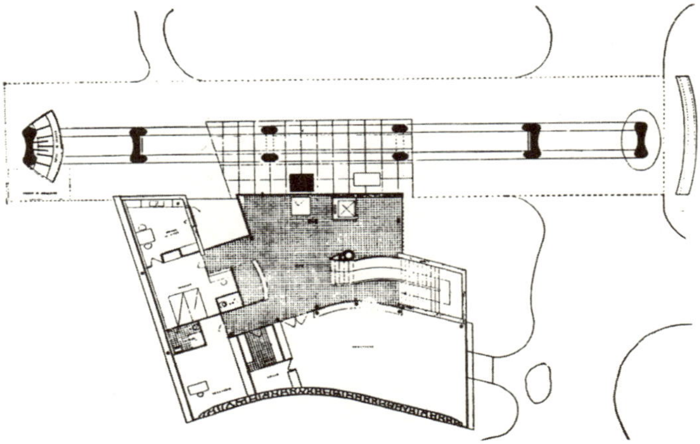

그림 56 스위스 학생회관 평면도

려한 작품의 하나이다. 이 건물은 지하 암반까지 이르는 거대한 철근콘크리트의 필로티로 지지된다. 또한 건물의 한 면은 각 스튜디오의 커튼월로 이루어져 있으며 다른 면은 거친 돌로 쌓은 벽과 평활한 콘크리트 벽이 곡면을 형성하여 아름다운 건축 형태를 보인다. 이것은 근대 건축에서 곡면 벽을 다시 사용한 최초의 예였다(그림 56). 입구 홀의 볼륨과 공간의 조형으로 사람에게 깊은 인상을 준다. 그 방은 비교적 한정된 크기이나 르 코르뷔지에의 구상력이 생생하고 풍부하게 발휘되어서 넓은 공간과도 같은 분위기를 연출한다.

제2차 세계대전 이후 르 코르뷔지에가 설계하고 건축한 마르세유의 유니테 다비타시옹은 전 세계의 젊은 건축가들에게 큰 영향을 주었다. 이 건물은 1920년대의 평활한 건물 표면이 가진 미적 특성을 거친 시적인 표면 특성을 가진 '노출 콘크리트'로 대체하여 새로운 개념을 제시했다. 또한 이 건물에서 미래 사회에 대한 르 코르뷔지에의 비전이 처음으로 구체화되었다고 볼 수 있을 것이다(그림 57, 58).

르 코르뷔지에는 노출 콘크리트, 즉 베통 브뤼béton brut의 무정형적인 재료를 천연의 암석 같은 특색을 갖도록 만들었다. 철근콘크리트가 자연석, 목재, 테라코타terracotta 등과 같은 천연 재료에 비견할 수 있는 질감으로 사용된 것은 이 건물이 처음이었다. 수년 후 영국에서는 이런 점

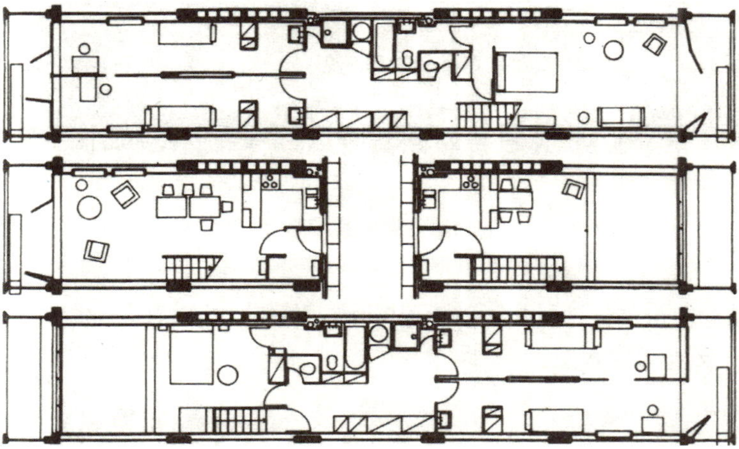

그림 57 유니테 다비타시옹의 단위 주거 평면도(⇧)와 단면도(⇩)

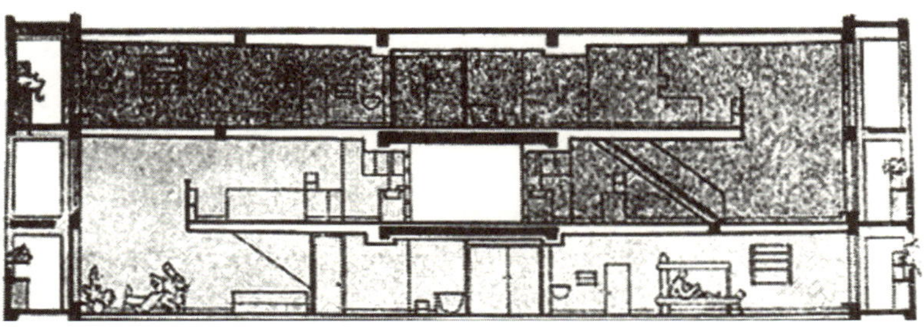

그림 58 유니테 다비타시옹

근 방법을 출발점으로 한 브루탈리즘Brutalism이라는 건축적 경향이 생겼으며, 1960년대 이후 현대 건축 발전에 많은 영향을 미치게 되었다.

유니테 다비타시옹의 대담성은 한 건물에 1,600명의 인구를 수용한다는 것뿐만 아니라, 이 건물이 사회적으로도 새로운 방향을 제시하고 있는 점에 있다. 이 주거 건물에서 가장 흥미로운 시도는 단지 상가 시설을 가로나 지면 대신에 건물의 중앙 층에 배치했다는 점이다. 이 중앙 상가는 건물 외부에서 볼 때 입면 중간에 있는 2층 높이의 수직 루버로 그 위치를 알 수 있다. 이 루버는 건물의 중앙부 계단실에 수직으로 나란히 배치된 네모난 창들과 함께 건물 외관 전체에 활기를 주고 스케일 개념을 나타낸다. 17층에는 150명을 수용하는 육아실이 설치되어 있고, 하나의 램프가 옥상 테라스로 직접 연결되어 있다. 옥상에는 휴식 시설

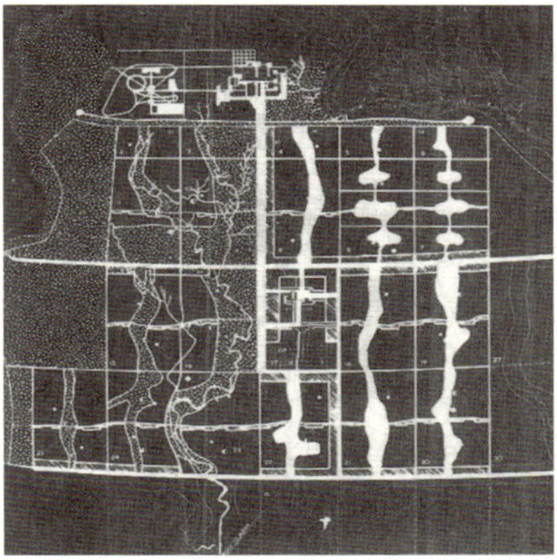

그림 59 찬디가르 수도 도시계획

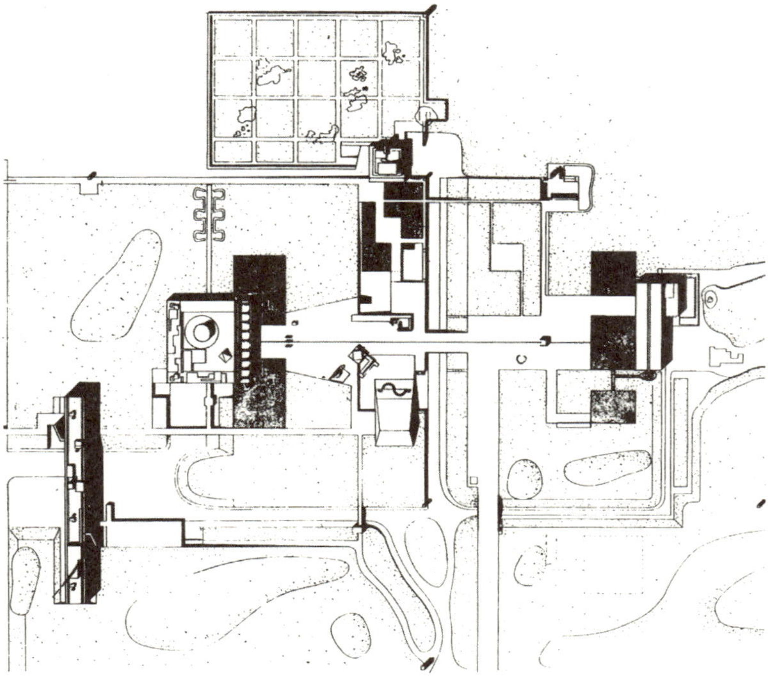

그림 60 찬디가르 수도 중추 건물군 배치도

그림 61 찬디가르 최고재판소 투시도

과 얕은 풀 등 어린이들이 즐겁게 놀 수 있는 여러 가지 놀이 시설이 있다. 인도는 르 코르뷔지에에게 50만 인구를 위한 도시를 건설할 수 있는 기회를 주었다.

찬디가르의 도시계획안은 그의 훌륭한 도시계획적 접근 방법을 보여 준다. 이 계획안은 800m×1,200m 정도의 매우 큰 단위를 가진 블록으로 도시를 구획한 것이다(그림 59). 수도의 중추 부분에는 의사당, 정부 청사 및 최고재판소와 총리관저가 있었다. 이 건물들의 배치는 부등변 삼각형으로 되어 있으며, 모든 도로가 평행·직교하고 연속적인 축이 없다(그림 60).

정부 청사 건물은 1956년에 완성되었으며, 뒤이어 의사당이 세워졌다. 본회의장은 상향의 쌍곡면체의 형상으로, 그 상부가 수평한 지붕 면 위로 높이 돌출해 있다. 의사당으로 들어가는 남쪽 입구에는 위를 향해 굽은 쉘이 열주의 상부를 덮는 지붕을 형성하여 특이한 외관을 보인다. 7개의 재판정을 가진 최고재판소는 1956년에 완성되었다(그림 61). 거대

그림 62 롱샹 순례자 교회당(⇧)과 내부 투시도(⇩)

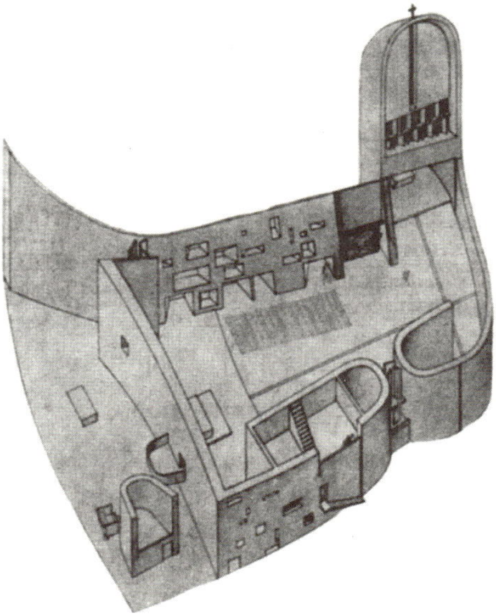

그림 63 생 마리 드 라 투레트 수도원(⇧)과 평면도(⇩)

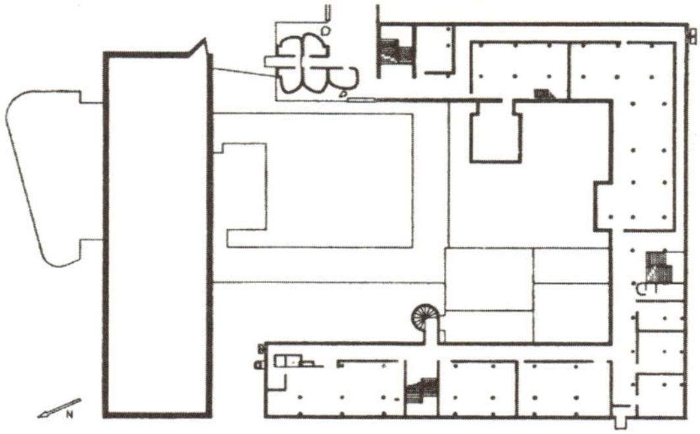

1층

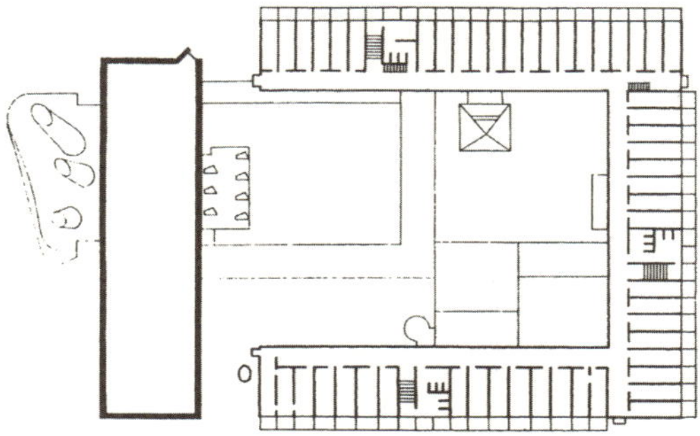

상층

한 나비의 날개 같은 이 건물의 지붕은 철근콘크리트구조이며, 열대의 햇볕과 계절풍의 영향으로 7월에서 10월까지 계속되는 비를 막는 우산 역할을 한다.

평론가들은 롱샹 순례자 성당(1950~1954)이 그의 설계 철학에서 놀랄 만한 변화가 나타난 결과라고 생각한다. 이 건축물은 진기할 뿐 아니라, 계속적으로 디자인이 발전한 결과였다. 이 작품은 근대 건축이 진화하는 과정에서 필연적으로 도달하게 되는 지표를 나타내는 것이었다(그림 62).

개인적 완숙성이 가장 잘 나타난 것은 르 코르뷔지에가 리옹 부근에 지은 생 마리 드 라 투레트 수도원(1960)이었다. 이 건축은 무엇보다 자유롭고 편견 없는 전통에 관한 고려를 보여 준다. 르 코르뷔지에는 수도원monastery 전통에 기반하여 이 건물을 설계하였다. 그 이유는 수도원에서 이루어지는 사회적이며 조직적인 관례에 따른 수도 활동들이 기본적으로 변하지 않기 때문이었다. 이 특이한 설계는 르 코르뷔지에의 전형적인 공간과 형태적인 요소들을 모두 나타내고 있다(그림 63).

창조적인 예술가이자 새로운 건축의 창도자로서 르 코르뷔지에의 정신은 지금도 살아서 작용하고 있다. 그가 세계의 지도적 건축가들에게 준 영향은 헤아릴 수 없을 정도로 컸다. 세계의 건축가들은 각자 자기의 노선을 따르고 있지만, 르 코르뷔지에의 건축적인 표현과 조형적인 표현을 결합한다는 기본적인 경향에서 영향 받은 바가 크다.

프랭크 로이드 라이트

라이트F. L. Wright의 작품 활동은 1930년 이후 유럽에서 합리주의 건축가들이 건축적 레퍼토리를 확대하고자 할 때부터 크게 주목 받기 시작했다. 미국에서 독립적으로 근대 건축 발전에 공헌한 라이트는 건축이 자연과 조화될 수 있도록 의식적인 노력을 기울여 대지와 밀착된 건축을 만들었다. 그는 유기적 건축철학의 원리에 따라 활발하고 고고한 활동을 계속하였다. 유기적 건축은 형식을 피하기 때문에 지적이기보다 오히려 본능적인 프로세스의 산물이며, 건축가의 영감은 그 대지의 여건과 재료의 본질에 근거하여야 한다고 라이트는 주장하였다.

라이트의 헌신적인 제자들은 그가 여름철에 머무는 저택인 위스콘신의 탈리에신 이스트(1911)와 겨울의 저택인 애리조나의 탈리에신 웨스트(1939)에서 도제교육 방식으로 라이트의 건축 이념을 배우고 실현하였으며, 이 두 건물은 이러한 활동의 근거지로서 그의 건축 이념이 잘 나타나 있다.

미국 위스콘신 주 러신에 있는 존슨 왁스 회사 건물(1937~1939)을 비롯하여 낙수장落水莊(1936) 등 많은 작품이 그가 새로운 재료와 새로운 공법에 매우 정통하였음을 보여 준다(그림 64, 65). 이와 같은 작품들은 굉장히 개성적이며, 현실 사회에서 벗어난 강한 조형성을 띠었다. 하지만 그의 건축은 기계화와 합리화의 추구로 인간성을 상실하고 무미건조해지던 미국 근대 건축의 발전에 새로운 대안을 제시했다는 점에서 뜻깊은 역할을 하였다.

그림 64
낙수장의 전체 경관(⇦) 및
뒤쪽 진입로에서의 경관(⇩)

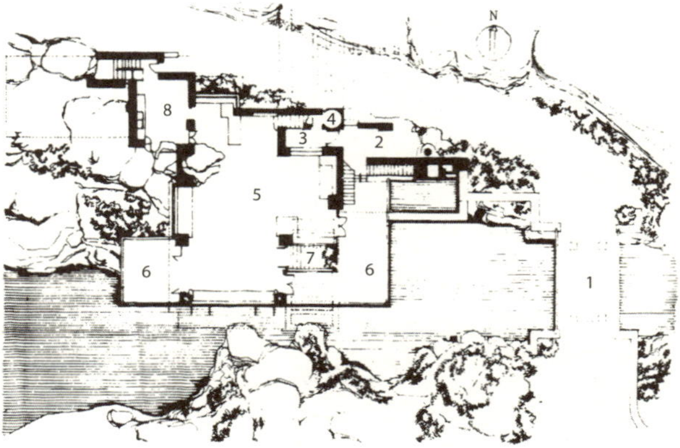

1층 평면도

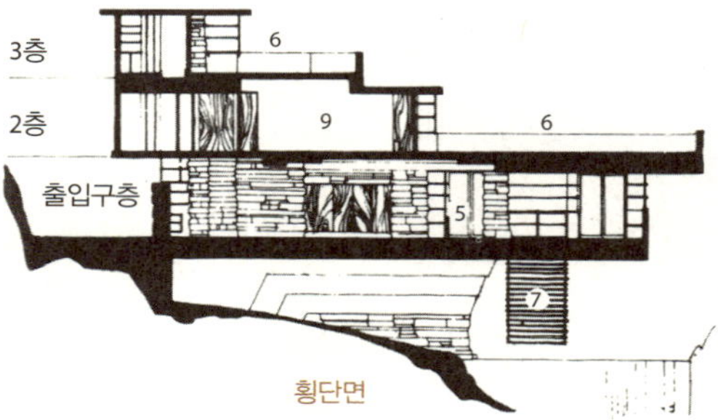

횡단면

1. 다리
2. 포치
3. 문간
4. 겉옷장
5. 거실과 식당
6. 테라스
7. 계단
8. 부엌
9. 주인 침실

그림 65 낙수장 평면도와 단면도

그가 겨울에 머무는 탈리에신 웨스트 공방에는 대조적인 재료를 많이 사용하였다. 이곳에는 사막의 암석과 쇄석碎石, 콘크리트 벽, 목재 트러스 등이 사용되었으며, 천장과 지붕을 하나의 면으로 만들어 기존 환경과 조화되는 이중 캔버스의 경사면을 지붕으로 사용하고 있다.

라이트는 전체 건축 작품 경력을 통해 '유기적 건축Organic Architecture' 이라는 건축철학으로 자신을 표현하려 노력했다. 그는 탈리에신 웨스트

그림 66 존슨 왁스 실내

에 관해 "나는 절대 집을 언덕의 정상에 세우지 않는다. 언덕 아래에 세운다"라고 말했다.

존슨 왁스 회사 건물(1937~1939)은 하나의 단위 공간으로 취급되었으며, 기이한 형태의 기둥 때문에 금세 유명해졌다(그림 66). 이 건물은 특히 채광 방식을 강조하고 있다. 건물 안은 컴컴한 입구에서 버섯 형태로 된 기둥들이 들어찬 큰 홀로 연결된다. 아래가 점차 가늘어지면서 기둥 상단에 강철 신발을 신은 것 같은 이 기둥은 누구에게나 이상한 감명을 일으킨다. 존슨 왁슨 회사의 건물은 라이트가 이전의 직각 형태에서 벗어나 활력 넘치는 원이나 곡선을 강조한, 과거 20년간 진행된 그의 작업을 총괄하는 것이었다.

노老 건축가였던 라이트는 1950년대 초에도 건축계에 큰 영향을 미쳤다. 그의 작품 활동은 1958년까지 계속되었으며 근대 건축에 지속적으로 활기를 불어넣었다. 라이트가 건축철학의 진수는 "건축 문제의 내

그림 67 구겐하임 미술관 투시도(⇧)와 단면도(⇩)

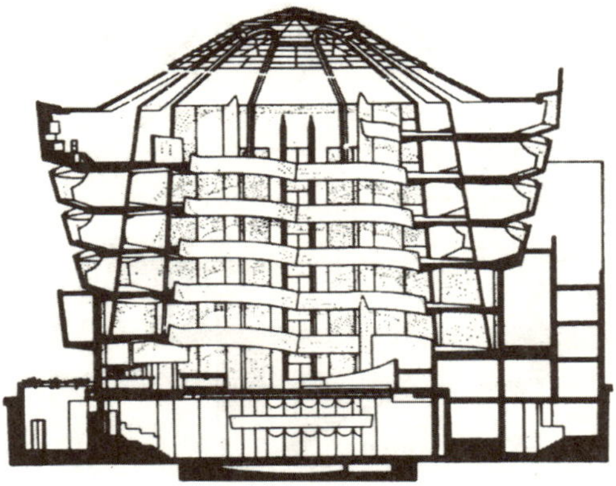

면적 성상은 항상 그 자체에서 해결책을 찾을 수 있다"라고 주장한 바와 같이, 건축 문제를 심오한 통찰력으로 접근하려는 인식과 태도를 보였다. '데 슈틸' 운동 이후의 미술 작품들을 전시하는 구겐하임 미술관(1957~1959)이 그의 최후 작품이다(그림 67). 이 건물에서 라이트는 자신이 매혹되어 있던 나선형으로 올라가는 실내공간의 아이디어를 실현시

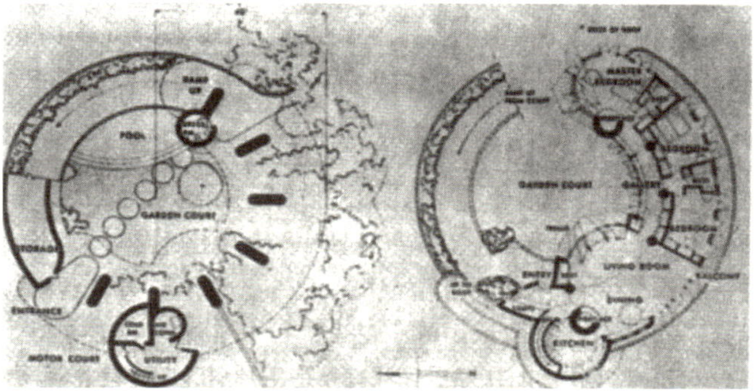

그림 68 데이비드 로이드 라이트 주택 평면도

켰다. 이것의 선례는 샌프란시스코의 모리스 상점(1948~1949)과 피닉스의 데이비드 로이드 라이트 주택(1952)에서 볼 수 있다(그림 68). 그러나 나선형 공간으로 설계한 구겐하임 미술관은 액자를 사용해야 하는 르네상스 시대의 회화를 전시하기에는 적합하지 못했다. 또한 다음과 같은 문제점들이 제기되었다. 미술 전시 공간은 사람의 움직임과 시간의 차원이 명확한 역할을 해야 한다. 그러나 구겐하임 미술관 건물은 바닥면이 약간 경사져 있기 때문에 운동과 시간의 차원이 형태를 결정하는 요소가 되는 입체파의 회화조차도 전시하기에 적절하지 못한 공간이었다. 이처럼 라이트의 연속성과 조형성 개념이 비타협적으로 표현된 예를 다른 설계에서는 찾아보기 힘들다.

루트비히 미스 반 데어 로에

미스 반 데어 로에L. Mies van der Rohe는 어릴 때부터 부친의 공방에서 기와나 벽돌을 정확히 쌓는 방법을 습득했다. 순수한 형태에 대한 열광적인 집착과 재료를 사용함에 있어 신중한 자세는 그의 어린 시절의 경험에서 온 것이다. 미스는 독일 문명의 최고 중심지였던 아헨에서 성장했다. 아헨은 네덜란드의 국경과 가까웠기 때문에 주민의 대부분은 네덜란드인 특유의 냉정하고 침착한 성격을 갖고 있었다. 미스는 이러한 영향을 많이 받았던 것 같다.

1919년에서 1921년, 미스의 유리 마천루 습작은 기둥의 골조가 건물 내부에 있다는 사실에 근거하여 만들어졌다. “기둥과 대들보가 지지벽을 제거할 수 있게 한다. 이것은 외피와 골격으로 만들어진 건축물이다”라는 자신의 사고방식에서 유래한 것이었다. 그는 바닥에서 천장까지 전면에 유리창을 만들어 건축 외부 공간을 실내로 도입시켜 근대의 창의적인 기능과 개념을 처음으로 제시하였다. 그러나 그가 실제로 세웠던 주택에서는 이와 같은 대담한 착상을 실현하지 못했다. 창에 대한 새로운 구상이 처음 실현된 것은 1929년, 바르셀로나 박람회의 파빌리온에서였다.

그가 새로운 구상을 발전시켜 대담하게 실현한 바르셀로나 박람회의 독일관은 종래의 조적식 건축이 지녔던 덩어리로서의 건축 공간 형태에서 탈피하였다. 그는 벽·지붕·창과 같은 건축 공간의 구성 요소에 새로운 성격과 기능을 부여하여 자신의 천재적인 창작 능력을 입증하였

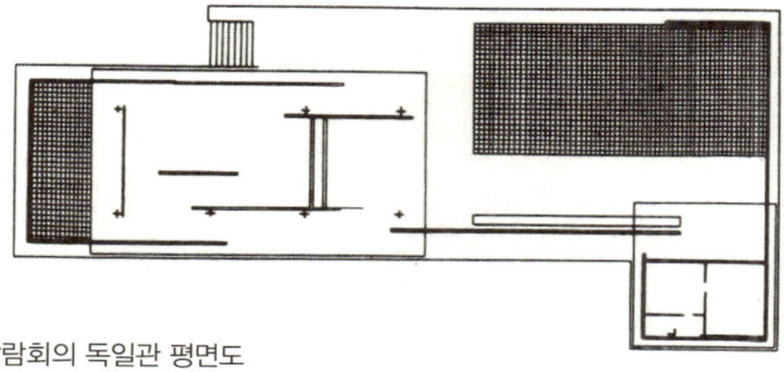

그림 69 바르셀로나 박람회의 독일관 평면도

다. 또한 미스는 탁월한 간명성으로 귀중한 재료의 순수한 아름다움을 새로운 공간 개념의 요소로 사용하여 뛰어난 건축 공간을 창조하였다(그림 69). 그가 설계한 가장 유명한 주택은 체코슬로바키아 브르노에 있는 투겐타트 저택(1930)이며, 유동하는 공간이 최대한 상호관입을 하도록 만들어서 사람이 수족관에서 살고 있는 것 같은 느낌을 갖게 하는 면이 있다(그림 70).

미스 반 데어 로에는 1938년 시카고 일리노이 공과대학의 건축학과장으로 초빙되었다. 그가 이곳에서 설계한 새로운 대학 건물들은 근대 건축의 새로운 경향을 제시하였다.

만일 라이트의 말처럼 "내면적 존재의 진실을 가장 많이 드러내는 설계가 최선의 설계다"라고 한다면 미스에게도 이 말을 적용할 수 있다. 그에게 있어서 최선의 설계는 내면적 존재를 가장 단순하게 표현하는 것이었다.

그는 일리노이 공과대학의 건축에서 형태, 시공, 용도, 기능 등 모든 부분에 많은 노력을 기울였다. 그의 연구는 특수한 것이 아니라 보편적으로 적용할 수 있는 해결 방안을 위한 것이었다. 그의 설계 기본 개념

그림 70 투겐타트 저택(⇧)과 평면도(⇩)

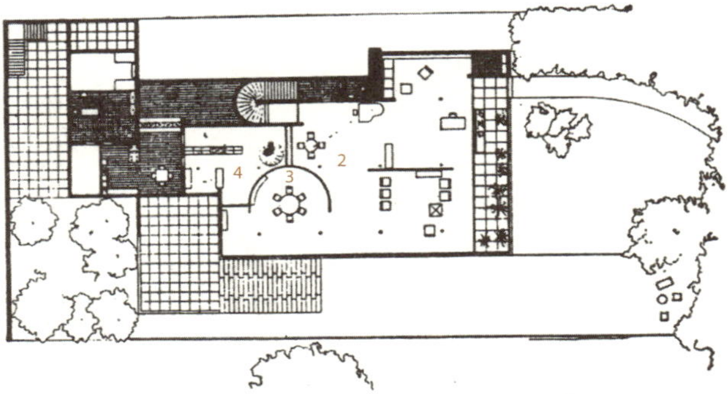

1층 평면도

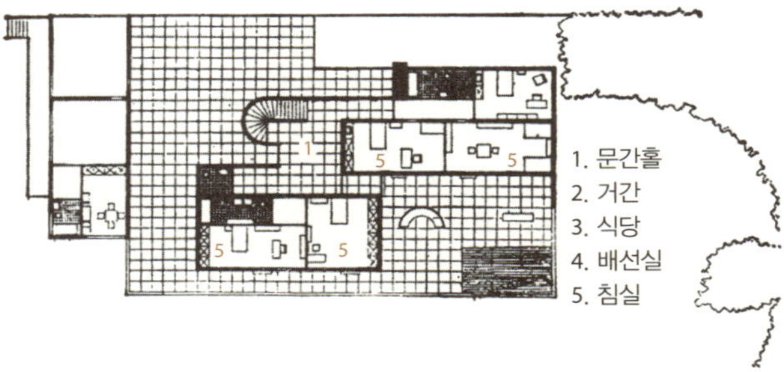

1. 문간홀
2. 거간
3. 식당
4. 배선실
5. 침실

2층 평면도

에 따르면 건축의 기능은 시간의 경과에 따라 변할 수 있기 때문에 오직 융통성과 가변성만이 영속한다.

미스는 2개의 독특한 건축 형식을 발전시켰다. 첫째는 다층 골조구조로 된 고층건물의 블록 건축 형식이고, 둘째는 중간에 기둥 없이 지붕을 덮은 대형 단층 홀로 이루어진 건물 형식이다. 이 2개의 건축 형식을 위해 그는 전형적 건물들에서 여러 가지 상세 부분들을 발전시켰다.

미스가 설계한 시카고 시의 레이크 쇼어 드라이브 860번지에 있는 2개의 고층 아파트(1951)는 미국의 현대 건축에 직접적인 영향을 주었다(그림 71). 이 아파트는 상호 연관적으로 배치한 2개의 높은 건물로 이

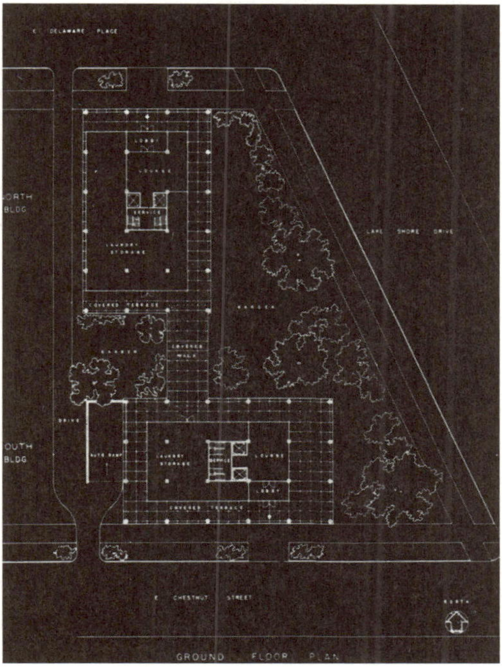

그림 71 레이크 쇼어 드라이브 아파트 평면도

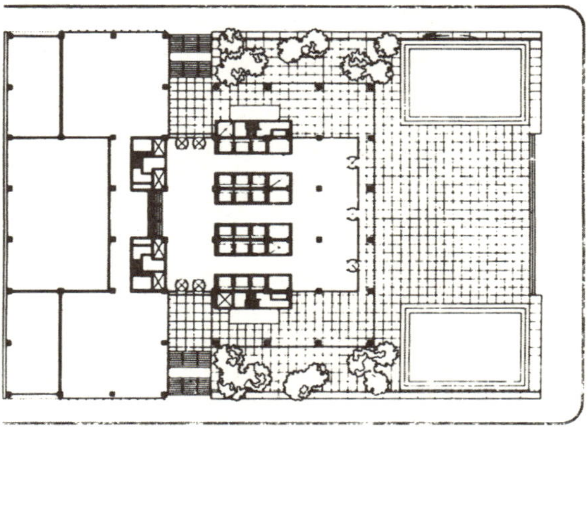

그림 72
시그램 빌딩(⇧)과
평면도(⇦)

루어져 있다. 이후 이런 '쌍둥이 건축'이 미국에서 유행하게 되었다.

뉴욕의 마천루 군집 속에서 파크 애비뉴의 넓은 전정을 앞에 둔, 당당한 시그램 빌딩(1958)은 장엄함과 아름다움을 함께 나타내고 있는 건축이다(그림 72).

미스의 이론은 근대 건축운동에서 광범위하게 응용되었으며 현대 건축 발전에 매우 큰 영향을 미쳤다. 그러나 1950년대 말경 그의 근대 건축 개념이 비판받으면서 그의 이론의 객관성과 보편성에 대한 의문이 제기되었다. 그러나 보편적 공간(Universal Space)에 대한 미스의 이론, 즉 공간의 가변성과 융통성에 천착하는 사고방식은 새로운 문제를 해결하기 위한 기반을 제공했다.

공간에 생명을 주고자 했던 그의 열망은 모든 형태에 극도의 순수성을 부여하였다. 그는 근대 건축의 구성요소의 하나인 평탄한 면을 가장 평활하고 투명한 유리판을 사용하여 더욱 강하게 표현하였다. 순수한 형태를 얻으려던 그의 끊임없는 노력은 건축가에게 방해되는 비본질적인 것들을 엄격히 배제하게 했다. 가끔 고의로 오역되는 미스의 "Less is More"라는 말의 배후에는 이러한 절대적인 것에 대한 욕구가 존재한다. 미스 반 데어 로에의 독자성은 미국의 건축에 매우 큰 영향을 미쳤다. 그러나 몬드리안과 마찬가지로 그의 독창성은 쉽게 모방할 수 없는 것이었다.

알바 알토

알토A. Aalto는 핀란드의 사회적인 지위가 높은 산림 관리 집안에서 출생하여 알라야르비 마을에서 성장하였다. 그는 핀란드의 아름다운 자연환경에서 영향을 많이 받았다. 그리고 이는 알토의 건축에 지속적인 내면적 원동력으로 나타났다. 그는 헬싱키 대학에서 건축을 공부하였으며, 1928년 투르쿠에 자신의 설계사무소를 열고 1930년경부터는 국제적인 명성을 얻기 시작하였다.

알토는 표준화에 지배되지 않고 이를 적절히 활용하여 표준화와 비합리성의 결합을 시도했던 가장 대표적인 건축가이다. 그는 생활과 건축의 결합을 재확립하려는 강렬한 윤리적 의욕을 가지고 있었으며 근대 건축 어휘를 창조했던 거장 건축가 중 가장 어렸다. 그는 강철, 철근콘

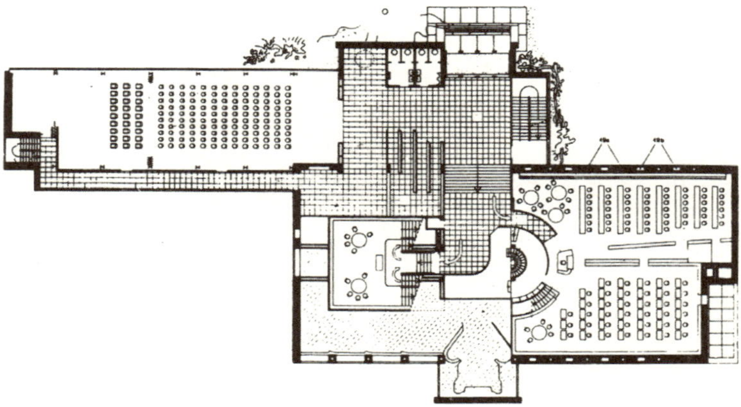

그림 73 비이푸리 도서관 평면도

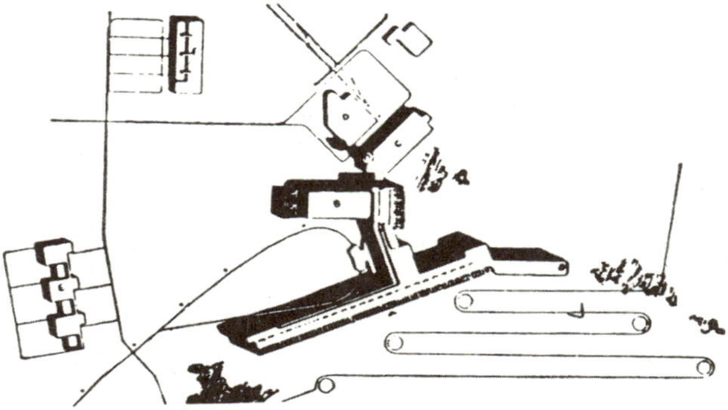

그림 74 파이미오 사나토리움 배치도

크리트와 더불어 이전부터 사용하던 목재의 중요성을 새롭게 인식하였다. 알토는 유기적 재료인 목재가 가진 잠재적 가능성을 찾는 사명을 갖고 태어난 사람 같았다. 30세에 위탁받았던 투룬 사노마트 빌딩, 비이푸리 도서관, 파이미오의 사나토리움 등은 모두 현상 설계 경기에서 당선된 결과였다(그림 73).

근대 건축 발전에 가장 큰 영향을 준 대표적인 건축 작품을 고르라면 그로피우스의 데사우 바우하우스(1926), 르 코르뷔지에의 제네바 국제연맹 본부 계획안(1927), 알토의 파이미오 사나토리움(1929~1933) 등 세 가지를 들 수 있을 것이다. 파이미오는 핀란드의 남서부에 있는 이전의 수도, 투르쿠에서 그리 멀지 않다. 이 시설은 290명의 환자를 수용하는 중간 규모의 결핵 요양원이다. 주 건물은 길게 펼쳐진 6층 건물로 남남서향이며, 주 건물에 약간 각도를 주어서 일광욕용 건물이 캔틸레버의 발코니를 이루며 연결되어 있다(그림 74, 75).

알토는 1939년 뉴욕 만국 박람회 핀란드관의 설계에서 벽을 매우

그림 75 파이미오 사나토리움의 건물 정면(⇧)과 옥상 발코니(⇩)

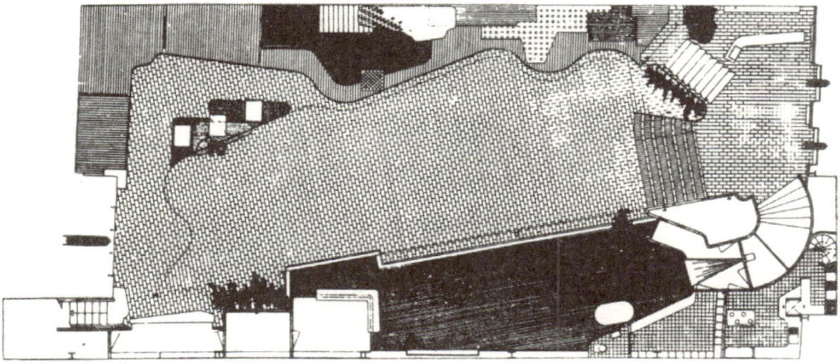

그림 76 뉴욕 만국 박람회 핀란드관 평면도

자유롭게 취급했다. 이 건물은 뉴욕 만국 박람회에서 가장 대담하고 특이한 건축이었다. 3층 높이의 경사진 목재로 만든 스크린이 내부 공간을 파형波形으로 자유롭게 굽이쳐 흐르는 것 같이 둘러싼다. 이 스크린은 각 층마다 올라가면서 점차 돌출하여 전체 벽면이 앞쪽으로 기울어져, 동적인 감흥과 인상을 강조한다. 각 층에서는 연속된 수직 목재 리브의 변화무쌍한 모양과 그 그림자들의 리듬이 거대한 스크린 면에서 참신한 생동감을 느끼게 한다(그림 76).

또한 알토는 핀란드 목재 회사 사장이자 친구인 글릭센 씨의 저택을 설계하였다. 그의 부인의 이름을 따라 마이레아라고 이름을 붙인 이 저택(1939)은 해안에서 가까운 언덕 위의 숲 속에 세워졌다. 마이레아 저택은 건축가와 건축주가 일심동체로 협력하여 만든 것으로, 마치 건축가와 건축주의 의도가 한 도가니 안에서 녹아 흘러나온 것처럼 만들어졌다. 이 건물은 건축가와 건축주가 서로 같은 기호와 욕구를 가지고 일치된 마음가짐과 행동으로 계획하여 지은 것을 보여 주는 대표적인 예

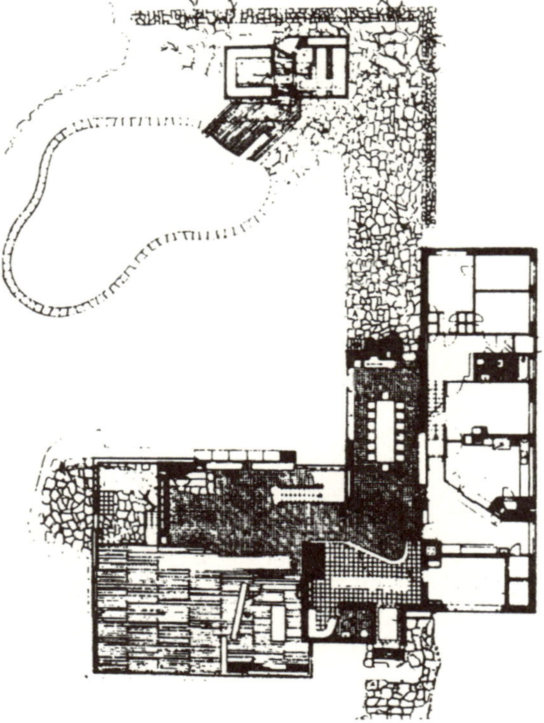

그림 77
마이레아 저택 평면도

이다. 직관적으로 건축 공간의 아름다움을 판단하는 것에 익숙한 사람이라도 마이레아의 건축적 디자인과 연출 효과를 이해하기는 어려울 것이다. 마이레아 저택은 실내음악과 같은 느낌을 주는 건축물이다. 그 모티브와 디자인, 공간의 처리와 재료의 기묘한 취급을 충분히 파악하기 위해서는 세심한 주의가 필요하다. 넓은 창은 내외 공간을 상호 관통시켜 마치 숲의 나무들이 실내로 들어와 방안의 가는 나무 기둥들과 함께 공명을 일으키는 것 같다(그림 77).

헬싱키 문화회관은 알토의 매스 취급이 조소성 자체를 목적으로 삼지 않고, 형태주의도 아니며 건축 프로그램에서 비롯되었다는 것을 알려 준다. 문화회관 건물의 외부 형태는 대강당의 실내 형상에 의해 결정되었다. 이 공간을 분석하면 진기한 건물의 외형이 실내 형상과 정확히 합치되는 것을 알 수 있다. 그러므로 알토는 건물 내부와 외부를 연관 짓는 것에 관심을 가졌다고 생각할 수 있다.

그는 MIT 학생기숙사(1947~1948) 설계에서 건물 천장과 간벽에 유연성을 부여하고 외벽을 변화 있게 취급하였다(그림 78). 기숙사라는 평범한 건축에 대해 새로운 해석을 가미한 것이다. 알토는 파사드를 자유롭게 휘어진 벽면으로 대담하게 취급했다. 그 결과 그의 설명대로 모든 학생은 그 건물이 길게 펼쳐졌다는 사실을 느끼는 대신 찰스Charles 강 쪽으로 환히 트인 조망을 개별적으로 감상할 수 있었다. MIT 학생기숙사는 실내부를 회벽으로 마감하지 않고 벽돌벽의 거친 면을 그대로 노출시켰다. 학생들의 침실과 공부방은 주위의 생생한 분위기를 파괴하지

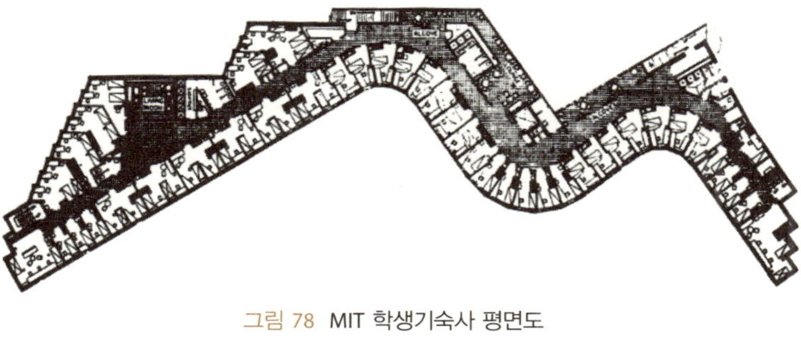

그림 78 MIT 학생기숙사 평면도

않을 정도로 컴팩트하며, 같은 방법을 집회실에도 적용하였다. 이 건물은 10년 후에 나타날 브루탈리즘의 선구적인 양상을 보여 준다.

알토는 헬싱키 북방 약 300km에 있는 작은 도시 세이나찰로를 위한 기본도시계획안을 작성하였고, 그중 군집한 몇몇 건물들을 건설(1950)하였다. 이 콤플렉스는 그의 설계에 따라 실제 세워진 최초의 커뮤니티 센터였다. 그 안에는 세이나찰로의 지방의회 건물이 서 있다. 지방의회 건물은 작은 도서관에 면해 있으며, 높은 중정의 3면은 사무실로 둘러져 있다. 그 아래층에는 상점과 주거로 계획했다. 지방의회 건물은 센터의 중심적인 건축이며, 그 목조 천장의 구조가 마치 펼쳐진 우산살같이 만들어져 알토의 조형적인 상상력을 잘 반영하고 있다.

알토는 비교적 늦게 수도인 헬싱키 중심에 대형 건축물을 세우게 되었는데 최초의 건물은 핀란드의 국민연금국(1952~1956)이었다. 그는 이 사무소 건축에 인간적인 특징을 나타내기 위해 내부벽의 마감에 어두운 색 유약을 칠한 자기 타일로 띠를 만들어 붙이거나 벽면 전체에 붙이기도 했다. 그는 이 모티브를 자주 반복적으로 사용하여 음악의 심포니와도 같은 벽면 분위기의 조화를 이루어 냈다.

이마트라 교회(1957~1959)의 공간 구성에서는 종교적 기능이 교회 내부에서의 다양한 사회활동을 충족할 수 있도록 3개의 공간으로 분할하여 설계하였으며, 그것을 외관에 명료하게 표현하였다. 외관은 그로테스크한 점이 없지 않으나, 알토의 고유한 공간 구성의 특성을 잘 나타내었다(그림 79, 80).

알토는 지방적인 특색을 파악하여 개개의 풍취를 잃지 않으면서도 이를 보편적인 건축 언어로 표현하는 재능을 가진 건축가였다. 그는 시

그림 79 이마트라 교회(⇧)와 내부(⇩)

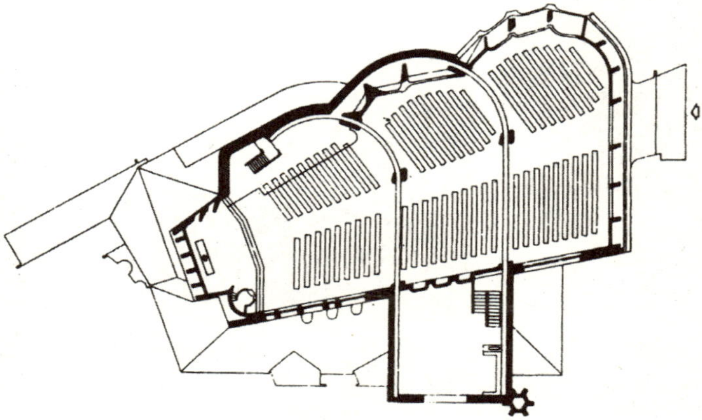

그림 80 이마트라 교회 평면도

대 감각에 민감했으며, 지역적 근거가 되는 요소와 세계적인 시대 경향이 상충하지 않는 작품을 설계하였다. 알토의 작품과 유사한 면이 있는 아르프H. Arp의 예술작품 또한 그 형상과 형태가 조금도 유행을 따르지 않고 인류의 영원한 진리에 깊이 뿌리박고 있다고 평가된다. 알토의 작품에도 이와 같은 평가를 내릴 수 있을 것이다.

휴고 헤링과 한스 샤로운

미스 반 데어 로에, 르 코르뷔지에 및 그로피우스는 근대 건축의 제1세대 건축가로 알려져 있다. 그러나 1920년대에 다른 계열의 건축 이론도 존재했다는 사실은 제대로 알려지지 않았다. 최근 젊은 건축 역사가들이 이 사실을 재발견하였다. 이처럼 망각되었던 이유는 첫째, 주창자인 헤링H. Häring과 샤로운H. Scharoun이 이해하기 어려운 철학적인 심오성과 비합리적인 양상으로 이론을 전개하였기 때문이다. 두 번째 이유는 그들이 1930년대에 거의 작품 활동을 하지 않았기 때문이다. 헤링은 제2차 세계대전 이후 독일의 급진적 경제 복구를 위한 재건 사업에 참여하지 못하였으며, 1954년부터 병상에 있다가 1958년 사망하였다.

1956년의 현상 설계에 당선된 샤로운의 베를린 필하모닉 홀은 1963년에 완공되었다. 이 건축으로 샤로운의 건축 작품 활동과 건축론이 세간의 주목을 받았다.

헤링의 건축론은 유럽의 젊은 건축가들에게 많은 영향을 미쳤으며 칸L. Kahn의 설계철학에 비견할 만한 내용을 함축하고 있었다. 그는 유기적 이념이 건축의 내부에서 시작하여 외부까지 미치도록 만드는 것이라고 했으며, 특히 집은 생물 기관과 같은 유기적 구조를 가져야 한다고 주장했다. 그가 설계한 갈카우에 있는 축사 건물(1924~1925)은 그의 이론을 잘 반영한다. 건물의 형태가 연구 과제의 성질과 상태를 통해서만 생겨나야 한다는 헤링의 사고방법과 설계 접근 방법은 자명했다. 그는 "필요 조건들을 자세히 연구하라. 그리고 거기에서 자체의 형태를 발전시켜라. 우리는 형태를 부여하는 것에 반대한다. 외부에서 형태를 결정하는 것과 어떤 종류의 유도 법칙을 형태의 생성에 적용하는 것을 반대한다"고 주장했다.

헤링은 과거와 현재의 건축 모두에 적용되는 2개의 원리를 말했다. 첫째는 표현을 위해 형태를 창작하는 것이고, 둘째는 특정한 일을 수행하기 위한 효율성을 얻도록 추구하는 것이다. 그는 유기적 건축의 결정적인 기준은 그 대상물의 자연적 성질과 상태에서 형태가 유래하는 것이라고 주장하였다. 그는 건물 또한 인체의 기관처럼 형태가 기능에 의존하여 결정되어야 하며, 유기적 구조가 된다고 말했다. 이것이 헤링 건축론의 본질이다. 생전에 헤링은 항상 샤로운의 작품으로 예를 들었다. 그는 샤로운의 작품 속에서 자신의 건축론이 실제 형상을 갖게 된 것을 발견했다.

샤로운의 베를린 필하모닉 홀의 설계에는 유기적 건축 원리가 잘 적용되어 있다(그림 81). 그는 통용되는 개념보다 훨씬 앞서 있는, 대중음악 공연 이론에 근거하여 베를린 필하모닉 홀을 건축음악 연출 및 감상의 공간으로 구체화하였다. 샤로운의 설계 첫 단계는 그 공간 안에서 일어나는 활동을 자세히 조사하는 것이었다. 헤링의 말을 이용한다면 그 공간은 청각 활동을 하는 기관이다. 원형극장과 같은 좌석 배치는 청중과 연주자들의 합일성을 고양하였으며, 실내 장식 설계로서도 가장 훌륭한 콘서트 홀을 만들어 근대 시설로서의 주요한 성취를 가능하게 하였다. 전체는 개방된 공간이지만, 작은 부분들로 분할되어 청중들은 개별적인 정체성을 간직하면서 대청중의 한 부분이 된다. 이를 통해 이 홀의 분위기는 20세기 민주주의를 표상하는 것이라 이해할 수 있을 것

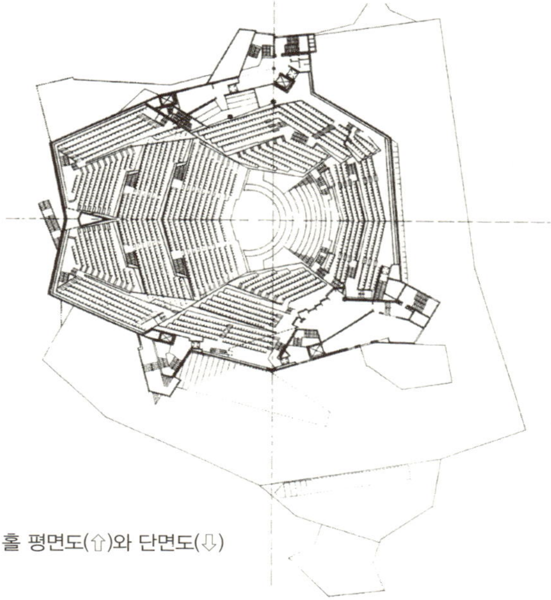

그림 81 베를린 필하모닉 홀 평면도(⇧)와 단면도(⇩)

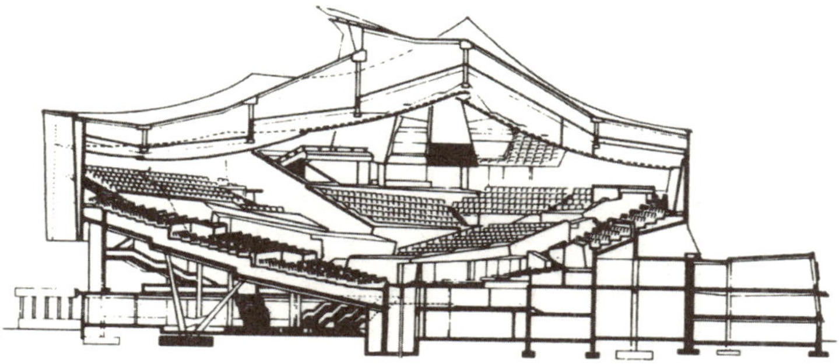

이다.

이후 샤로운은 베를린에 있는 프러시아 문화재단의 국립도서관(1966)을 설계하였다. 이것은 설계 대상의 본질을 파악하고 그것을 현실적인 형태로 구체화하는 그의 능력을 잘 나타내었다.

리차드 노이트라

노이트라R. Neutra라는 1892년에 출생하였다. 그는 로스A. Loos의 설계사무소에서 수련을 쌓았으며, 그의 출생 시기 및 근대 건축 문제에 대한 태도를 통해 그가 제1세대 건축가와 제2세대 건축가의 중간에 위치하는 건축가임을 알 수 있다. 그가 로스앤젤레스 보건센터를 건축하였을 때 그의 선배들(그로피우스, 미스 반 데어 로에, 르 코르뷔지에)은 이미 자신의 건축 개념을 표현하는 대표적인 설계 작품들을 완성한 상태였다.

1930년대에 노이트라는 주택과 초등학교들을 설계하였으며 건축의 조립 구조방식에 많은 관심을 기울였다(그림 82). 이 모든 활동은 1930년대의 전통에 입각하고 있다. 그는 이 전통 유산을 조심스럽게 따르며 발전시켰다. 노이트라는 후발 주자로서의 행보를 따랐지만 1930년대 말 작품부터는 선배나 다른 젊은 건축가들에게서 보이는 전환도 나타났다. 이 시기에 지은 브렌트우드의 네즈빗 주택은 가장 좋은 예이다. 노이트라는 그들의 개성에 부합하는 주택을 설계하기 위해 건축주의 습관과 생활 방식을 이해하려 노력하였다. 그는 건축주의 특이 체질과 지역의 특성으로부터 주택 유형에 관한 자신의 건축 이념을 발전시키기 위해 시도하였다. 이와 같은 접근 방법으로 그는 1940년대 후반에 몇 개의 주택을 설계하였는데 이것들은 가장 훌륭한 근대 건축의 주택으로 손꼽힌다. 또한 카우프만 저택(1946~1947), 트레마인 주택(1947~1948), 벡스트란드 주택(1937) 등에서도 노이트라의 특유의 설계 방법이 잘 나타난다(그림 83).

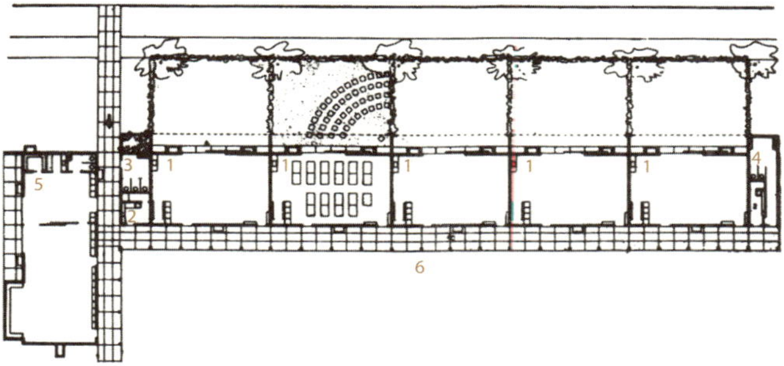

1. 교실
2. 교사 화장실
3. 여자 화장실
4. 남자 화장실
5. 유치원
6. 통로

그림 82 로스앤젤레스 실험초등학교 평면도

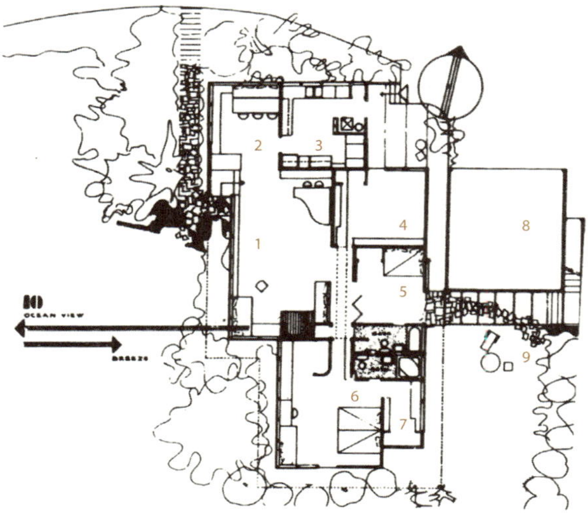

1. 거실
2. 식당
3. 주방
4. 서재
5. 게스트룸
6. 침실
7. 드레스룸
8. 차고
9. 페시오

그림 83 벡스트란트 주택 평면도

05

제2세대
건축가의 활동

마르셀 브로이어

브로이어M. Breuer는 1902년 출생하여 1920년 초의 전위적 이념에서 직접적인 영향을 받았다. 1920년부터 바우하우스의 학생이었던 그는 그곳에서 교수로 활동하게 된 젊은 제2세대의 첫 번째 건축가였다. 그의 건축 작품들은 근대 건축 발전에 매우 중요한 공헌을 하였다. 1932년에 브로이어는 탁월한 디자인 영감으로 공장생산재들을 사용하여 강철 파이프 가구를 창안하였으며, 비스바덴에 있는 하니쉬마커 주택(1932)을 설계하였다.

그는 1935년, 독일 내부의 정치적 압력을 피해 영국으로 이민하였다. 그는 영국 박람회(1936)가 개최되었을 때 미래시빅센터의 건축 작품과 라미네이트 목재 가구를 만들었으며, 그중 영국 박람회 파빌리온은 그의 건축 개념에 나타난 변화를 잘 보여 준다. 1937년에는 그로피우스의 초빙을 받아 하버드 대학 교수가 되었으며, 그곳에서 학생들에게 많은 영향을 주었다. 하버드 대학에서 그는 건축에 있어 공업화의 중요성보다 미국의 지역적 전통을 더 강조하였다.

처음 미국에서 만든 작품들은 그로피우스와의 합작이었고, 1941년부터는 독립적인 건축 작품 활동을 하였다. 그의 작품인 겔러 하우스 이

핵주택(1945)은 거실, 식당, 침실의 기능이 두 부분으로 분리된 방들로 집중되어 있다. 그 두 핵을 중심으로 평면구성이 이루어졌으며, 주택의 출입문은 이 두 부분을 연결하는 공간에 계획되었다. 이 주택은 주거의 기능을 원활히 수용하면서도 주위 환경과 잘 어울리는 아름다운 건축이었다(그림 84).

1953년 이후부터는 브로이어의 공간 구성 방법을 잘 나타내는 대형 건축물들이 건축되었다. 그는 주로 건축물의 표면처리와 철근콘크리트의 구조적 특성과 조소성을 활용하는 데 있어 그의 고유한 재능과 탁월한 능력을 보여 줬다.

브로이어는 네르비P. L. Nervi의 영향을 받아 시각적 재료 또는 구조적 기능을 표출하는 재료로써 철근콘크리트를 사용하였다. 그는 네르비와 합작하여 파리에 유네스코 본부 건물(1953~1958)을 건축하였다. 특히 본부 건물과 대회의장 홀의 실내 설계는 시각적 구조 요소들을 합리적으로 사용한 대표적인 예이다. 이 건물은 공간과 형태, 응력들이 작용하는 방향을 나타내는 구조가 일체적으로 결합하여 표현된 것이 특징이다(그림 85).

브로이어가 설계한 라 고드의 IBM 연구센터(1960~1961)와 미네소타 칼리지빌의 성 존 수도원과 대학교회(1955~1956)는 그가 현대 건축에서 중요한 위치를 차지함을 잘 보여 준다(그림 86). IBM 건물에서는 일반적인 구조와 외벽의 구분이 사라졌으며, 외벽이 하중을 지탱하면서 쓰임새와 일체가 되었다. 또한 그 용도 및 기능과 조화를 이루는 질감을 창출하였다.

뉴욕에 있는 휘트니 미술관(1963~1966)은 브로이어의 최후 건축 작

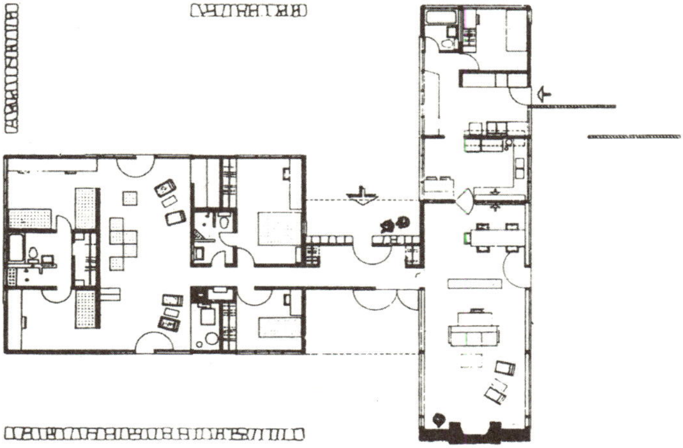

그림 84 겔러 하우스 이핵주택 평면도

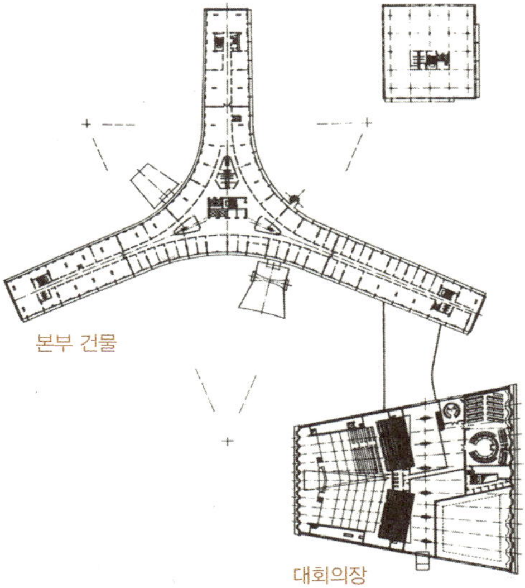

그림 85 유네스코 본부 배치도

그림 86 성 존 수도원과 대학교회 단면도

품이었다. 매디슨 애비뉴와 접하면서 계속 돌출하는 상층부는 기념비성 있는 표현을 추구하고 있다. 특출한 모양의 창들은 실내와 외부에 상징적인 형태를 연출한다.

오스카 니마이어

니마이어O. Niemeyer는 1907년에 출생하였으며 그의 작품 활동은 제2세대에 속한다. 그는 1937년에 리우데자네이루*에 있는 탁아소 설계로 작품 활동을 시작하였으며 제2차 세계대전의 영향을 받지 않았다. 1940년대 초에는 몇 개의 대표적인 건축 작품을 설계하였다. 이 세대의 다른 건축가들과 마찬가지로 그의 첫 작품도 이전 세대 건축가들의 영향을 받았다. 특히 그는 1936년 문교부 건물 설계에 참여하기 위해 리우데자네이루를 초청 방문하였던 르 코르뷔지에로부터 직접적인 영향을 받았다.

문교부 건물은 르 코르뷔지에와 코스타, 니마이어 외 4인이 협동하여 설계했다. 니마이어의 초기 작품에 미친 르 코르뷔지에의 영향은 1937년에 만든 탁아소 건물에 잘 나타난다. 이 4층 건물은 도로와 면한 긴 구조로, 필로티 위에 직방체 형태의 모양으로 설계되었다.

니마이어 특유의 디자인 재능과 강렬한 선(기능과는 종종 무관하게 사용됨)의 표현은 팜풀라 호수변에 있는 댄스 파빌리온 건축에서 처음 나타났으며 그의 형태적 건축 어휘에는 일종의 매너리즘적인 경향이 있다. 예를 들어 성 프란치스코 교회 출입구 지붕의 비교적 육중한 슬래브는 아래 방향으로 체감하는 탑의 측면과 매우 얇은 아치 지붕 형태로 연결

---

* 브라질 리우데자네이루 주의 주도(州都). 1763년에서 1960년까지 브라질의 수도였으며, 세계 3대 미항(美港)의 하나로 꼽힌다.

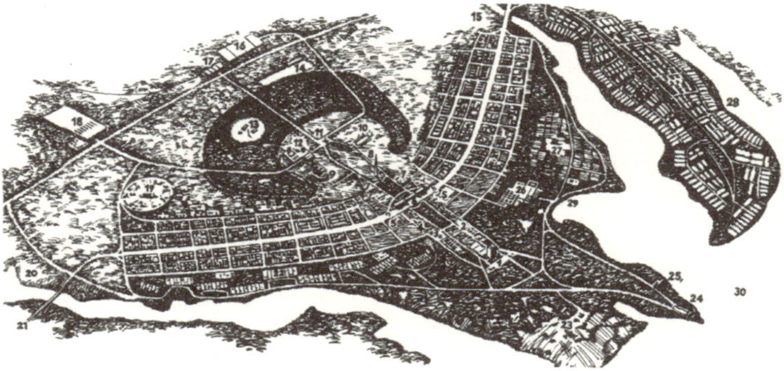

그림 87 브라질리아 신도시계획안

그림 88 브라질리아 국회의사당

하여 지탱했다. 댄스 파빌리온 건축의 스테이지와 초승달 모양의 부엌이 딸린 원형 식당은 뱀 모양으로 굽이치는 지붕으로 연결하였다.

1956년 브라질리아 신수도 건설을 위한 도시계획안은 코스타가, 주요한 건물들은 니마이어가 설계하였다(그림 87). 니마이어가 설계한 브라질리아의 주요 건물들은 상징적인 요소들을 지나치게 과장하였다. 예를 들어 브라질리아 국회의사당 건물은 중앙에 높이 솟은 2개의 고층건물을 사무국으로 삼고, 그 좌우로 길게 펼쳐진 플랫폼 위에 상원과 하원이 특이한 모양을 형성한다(그림 88). 니마이어는 브라질리아 건설에서 자신의 거창한 개념을 나타내고자 하였으나, 건물의 짜임새는 부족한 면이 적지 않았다. 따라서 이것들은 종종 작은 모형을 크기만 부풀린 것처럼 보였다. 그의 건축 작품들은 건물의 용도, 기능과 시공 방법 및 주변 환경의 상황 등에 아이디어가 적합하도록 충분한 연구를 진행하고 발전시키는 과정 없이 쉽게 실현된 경우가 많았다.

아르네 야콥센

야콥센A. Jacobsen은 1920년대의 국제주의 양식 건축을 자신의 작품 활동에 접목한 뒤 1930년대에 몇 개의 훌륭한 건축을 설계하였다. 이 작품들에서 그는 덴마크 특유의 문화 전통과 현대의 형태 및 공간 개념을 결합하기 위해 노력하였다.

코펜하겐 부근의 소홀름에 있는 연립주택(1950~1955)은 이와 같은 특성을 잘 나타낸다(그림 89). 그는 여러 개의 주택을 한 그룹으로 배치하였으나, 각각은 이웃 주택의 방해 없이 사적 생활을 보장받을 수 있도록 계획되었다. 주택 평면과 실내 계획이 매우 잘 되어 있어 제한된 공간에 건축한 단순한 건물에서도 근대 건축이 다양하게 실현될 수 있음을 보여 준다.

코펜하겐에 있는 예스페르센 사무소 건물(1955~1956)은 야콥센의 훌

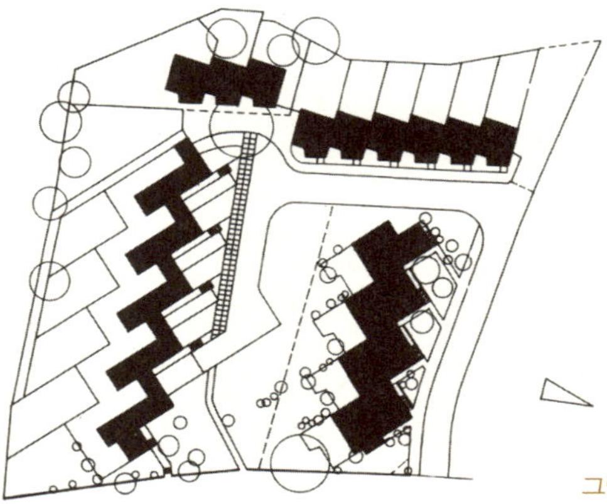

그림 89 소홀름 연립주택 배치도

륭한 잠재력과 균형 잡힌 비례감각을 잘 나타낸다. 비록 이 건물의 설계가 이전의 설계 개념과 맞지 않는 새로운 것이었지만, 그는 공장생산 부재들을 이용하여 건축적 정밀성과 단순성을 성취하였다. 뢰도브레 시청사(1954~1956)는 그의 개성이 잘 드러나며, 특히 세부적인 사항들에서 그의 솜씨를 찾아볼 수 있다.

에곤 아이어만

1930년대의 아이어만E. Eiermann의 건축 작품들의 규모는 작았지만, 독일 국가사회주의의 절대적인 요구에 저항하며 1920년대의 문화전통을 계승하는 데 적극적인 공헌을 했다. 베를린 니콜라스제에 있는 딘스트바흐 주택(1936년경)은 그 설계가 매우 정교하다. 그는 관례적인 처리를 하지 않은 자연 재료들을 사용하여 건물 외관을 개성 있게 만들었다. 회칠을 한 벽돌, 슬레이트 지붕, 목재로 만든 창문틀과 창문 및 통나무 가새로 보강한 차고 문들이 특이하다. 상호 교차되는 시스템으로 광선을 도입하여 지향성을 강조하고 거실을 상호 연결된 2개의 공간으로 구성하는 등 실내 계획은 알토의 작품을 연상시킨다. 이와 같은 공간 분절의 명료화는 수직 방향으로도 이루어졌다. 거실공간은 1층 반의 천장고를 가진다. 또한 그 전면은 1층 높이로, 천장이 경사져 내려가며 그 끝에 문

그림 90 브뤼셀 만국 박람회 독일관

간이 있다.

아이어만은 야콥센과 마찬가지로 근대 건축의 단순성과 정밀성을 추구하였다. 그는 구조시스템에서 자신의 명백한 형태를 발전시켰으며, 독일의 젊은 건축가들에게 모범이 되었다. 아이어만이 목표했던 바는 1958년 브뤼셀 만국 박람회의 독일관에 반영되었으나 불행히도 철거되었다(그림 90). 그는 특정한 재료나 건축 형태에 집착하지 않았다. 베를린의 카이저 빌헬름 기념 교회당(1959~1963)은 브뤼셀의 독일관과 비견할 수 있는 단순미를 나타낸다. 그러나 그 공간 처리와 표현은 완전히 달랐다. 독일관이 외향적인 실내공간을 만들었다면 이 교회는 외부로 감싸진 공간의 내향적 연출이라고 할 수 있다.

06

공업기술주의 건축

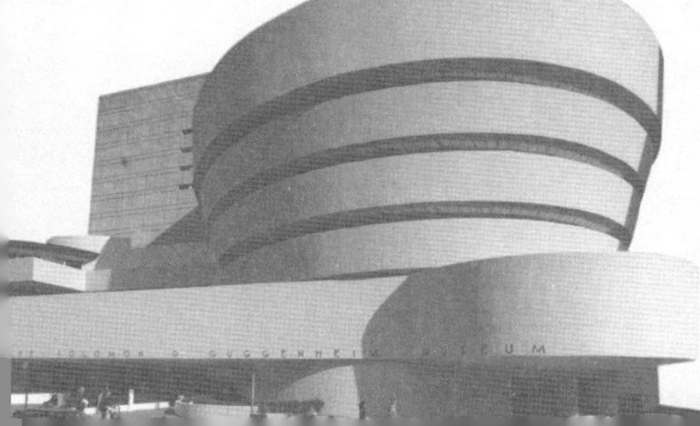

공업기술주의 건축의 특성

1950년대 전·후반기의 건축은 주로 공업기술의 탁월성이 나타나는 것이 특징이다. 공업기술주의의 새로운 경향은 특정한 건축가에게 국한되지 않고 널리 보급되었다. 이러한 접근 방법이 세계 곳곳으로 전파되어 사용되고 변화·발전하여 건축 공간 구성에 특징 있는 표현을 하게 되었다.

공업기술의 탁월성이 나타난 건축물들이 시사하는 건축 이념을 분석하면 이 새로운 요소들이 본질적으로는 20세기 초의 신건축운동에서 연유하였음을 알 수 있다. 즉, 초기에 근대 건축의 씨앗으로 심었던 것이 점진적으로 성장하여 개화하고 만발했다고 할 수 있으며 오랫동안 지속적으로 시도한 결실이라고도 할 수 있다.

공업기술주의 건축들은 100여 년간의 근대사회와 공업기술의 발전을 반영했다. 좁은 의미에서 이것은 산업혁명에 의한 공장 프로세스를 통해 생산된 재료와 자연과학의 발전에 의한 공장생산품들을 주로 사용하여 건축한 것을 일컫는다. 이들 공산품은 정밀한 미적 표현을 가지며, 공장 가공에 의한 시공 기법의 우수성을 나타낸다. 따라서 바람직한 미적 우수성과 정밀성을 건축에 표현하기 위해 건축의 전면에 공업생산된 재료와 공산품들을 사용하였으며, 강철과 알루미늄 및 기타 금속들의 가압, 압연된 재료와 성형된 부품들도 많이 사용하였다. 공산품들은 주로 외장 재료로만 사용하였으며, 건물의 골조와 실내 마감은 여전히 전통적인 공법을 사용하였다. 예를 들어 건물의 정면은 커튼월로 형성하여도 실내 마감은 수작업을 했다. 따라서 건물 외관과 실내의 모양이 미적으로 큰 차이를 보였으며, 시공 방법에서도 많은 차이가 있었다.

한편, 공업기술적 방법은 미적인 면에 제약을 주었다. 공업기술주의 건축에 나타난 건축 개념은 공간 용기로서의 평활성과 외부 표면의 릴리프relief 처리만이 용인되었고 건물 외부 벽면에는 어떤 종류의 조소적인 처리도 거부되었다.

공업기술주의는 그에 어울리는 정밀성과 우수성을 성취하기 위해 공장에서 가공한 건축 재료를 선호하였으며, 건축 구성요소로서 직선을 주로 사용하는 것이 특징이다. 이것은 건물 각 부분의 분절 명료화를 기하게 하였을 뿐만 아니라 형태적 윤곽선과 공간적 처리를 결정하는 요소가 되었다.

공업기술주의 건축 개념은 미스 반 데어 로에가 발전시킨 다목적 기능과 관련이 있었다. 이 건축론은 수용 능력의 가변성과 사용 기능의 호환성을 요구한다. 따라서 모든 특정한 용도 기능에 대해 중성적인 건축 계획을 하는 동시에, 건물의 외관을 설계하기 위한 선행 조건으로 중성적인 골격을 전제한다. 즉, 모든 다목적 활동에 유용하게 쓰일 수 있는 공간을 만들며, 모든 용도 기능에 적응할 수 있도록 하는 것이다. 결국 건축 형태의 내부에 수용되는 활동의 관점에서 생각할 때 4면의 건물 외관 모양이 동일해지며 동질적인 건물 외관이 나타난다.

가변적인 건축 기능의 아이디어는 특히 사무용 건물과 같은 몇 가지 건물 형식에 유효한 방법이다. 대형 사무실 건축은 이와 같은 건축론이 추구하는 중성적인 공간의 우수성을 잘 나타낸다. 그러므로 대형 사무실 용도의 건물에서 가장 먼저 훌륭한 공업기술주의 건축이 출현한 것은 당연한 일이었다.

건축 공간의 처리 방법 및 공간 내용의 중성적인 성격과 기술적인 공산품의 사용은 건축 형태의 간결성과 평활성을 두드러지게 했다. 이에 따라 재료의 촉·지각적인 가치를 부정하는 현상이 많이 나타났다. 미스 반 데어 로에는 건축이 주관적인 영향에서 완전히 벗어나도록 하기 위해 노력하였다. 그에게는 새로운 형태의 창안보다는 기존의 형태를 의미 있어 보이도록 개선하고 발전시키는 일이 더 중요했다.

공업기술주의 건축은 일반적으로 건물의 외형에 평활한 면을 사용하였으나, 후에는 외피에 릴리프를 만들기도 했다. 그 형상은 격자형 뼈대와 삽입형으로 된 패널을 조합하여 만들었으며, 삽입 패널은 금속판을 가압하여 건물 표면 질감의 변화를 획득하였다. 고층건물의 일반적 형태 기준은 전체 외관이 세장한 직방체 형태로, 필로티 위에 세워졌다. 저층 건물은 펼쳐진 직방체 형상으로 아주 넓게 펼칠 경우에는 중정을 설치했다. 작고 좁은 것은 중정이 없으며 지붕 위에 트러스가 노출되는 것이 특징이다.

루트비히 미스 반 데어 로에의 영향

미스 반 데어 로에L. Mies van der Rohe는 최초로 강재를 건축의 형태 요소로 사용한 사람이었다. 그는 강철재를 사용하여 건축의 미와 기능성 및 공간개념을 체계화하였으며, 강재의 형태적인 가능성과 구조적인 기능성을 잘 합치시켰다. 미스는 강철로 만든 건축문화를 만들어 냈으며, 이는 선명성, 단순성, 정밀성 및 상세 부분에서 완결성의 근원이 되었다. 공업기술주의적인 이 같은 건축 특성은 1950년대와 그 이후 전 세계의 건축 작품들에 광범위하게 나타났다.

첫 번째 공업기술주의 건축의 건물은 일리노이 공과대학의 광물 및 금속연구소(1942~1943)였으며, 1946년에 화학과, 화학공학과 건물, 동창회 기념홀을 완공하였다. 미스는 건축의 방화법규를 준수하기 위해 강재로 만든 골조를 피복해야만 했다. 즉, 강재를 철근콘크리트로 피복해야 했으므로 형강形鋼의 구조재는 형태적인 시각요소로 노출될 수 없었다. 그러나 그는 건물 외부에 치장용으로 비구조재인 형강재(폭넓은 수평 채널재와 좁은 수직 채널재)를 사용하여 강철구조로 되었다는 사실을 건물 표면에 드러냈다.

일리노이 공과대학의 건물들은 외벽 패널 부분을 유리와 벽돌로 구성하였다. 1949~1951년에 건축한 레이크 쇼어 드라이브 아파트는 패널 부분을 유리만으로 시공하였다. 여기서도 미스는 구조체를 건물 외관으로 표출하는 문제에 부딪혔다. 건축법은 골조부재를 피복하도록 규제하고 있었기 때문에 그는 철근콘크리트로 피복한 강철재의 기둥과 보 외

그림 91 존슨의 자택(⇧)과 평면도(⇩)

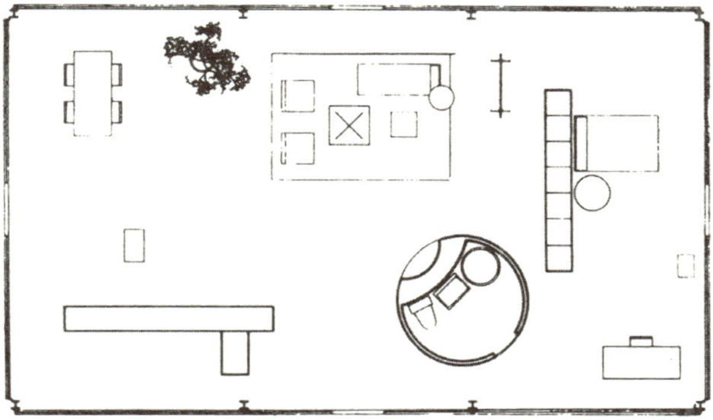

면에 다시 철판을 붙여서 속에 있는 강철 뼈대를 나타내 보였다.

미스가 보여 준 또 다른 건축 기술상의 발전은 커튼월 기법의 완성이었다. 커튼월은 공장에서 생산된 비내력벽인 조립식 벽판과 유리를 사용하여 구조체 표면에 붙여 건물 외벽을 만드는 것이다. 그러므로 커튼월의 주기능은 공간을 구분하여 외부의 기후 조건에 영향을 받지 않도록 보호하는 것이었다.

미스는 1950년경 설계한 건물부터 자신이 목표했던 건축 기준을 적용하였다. 1950년대 초 존슨P. Jonson이 설계한 주택들에는 이미 그의 영향이 나타나기 시작했다. 그 후 미스의 공업기술주의적인 건축 경향은 여러 건축 활동에 영향을 미쳤으며, 미국뿐 아니라 전 세계로 그 영향이 전파되었다(그림 91).

미국 공업기술주의 건축의 발전

1950년경부터 공업기술주의 건축이 가치를 인정받고 국제적으로 전파되기 시작하였다. 이 시기 뉴욕에서는 유엔 사무국 고층건물이, 1951~1952년에는 뉴욕의 레버 하우스 빌딩이, 1951년에는 미시간 주 워런에 제너럴 모터스 공학연구소의 3개 건물이 준공되었다.

유엔 빌딩의 계획 설계와 공사의 책임자는 해리슨W. K. Harrison이었으며, 계획 단계에서 10개국에서 온 고문 건축가의 자문을 받았다. 1947년 봄에 열린 자문 위원회에서 르 코르뷔지에는 가장 중요한 역할을 수행하였다. 수많은 설계안이 제출되었고 장시간 토론을 거친 뒤 그해 5월, 만장일치로 당선안이 결정되었다. 당선안에서 건물 매스의 취급 방법에는 르 코르뷔지에의 영향이 명백하게 나타났다. 폭이 좁고 수직으로 올라간 건물 형태는 1920~1930년대에 르 코르뷔지에가 발전시켰던 아이디어에 기초하고 있었다.

유엔 빌딩은 르 코르뷔지에의 아이디어를 반영했지만, 커튼월의 기술과 시공법에서는 미국의 영향을 나타내었다. 유엔 빌딩의 커튼월은 알루미늄재로 창틀을 만든 다음 녹색 유리를 사용하였고 뒤에 서 있는 회의장 건물의 벽체는 트래버틴travertine 석재로 마감되었다.

SOM 회사가 설계한 레버 하우스는 유엔 빌딩과 같은 건축설계 원리가 좀 더 발전한 형태였다(그림 92). 이 건물의 외부는 스테인리스 스틸로 된 창틀에 유리를 붙였다. 또한 건물 전면의 저층부는 대리석으로 마감하고, 고층부에 계속된 커튼월은 암녹색의 열 흡수 유리를 붙였다.

이 건물의 커튼월 구성과 폭이 좁은 평판상의 고층 부분 및 건물 전면의 저층 부분인 포디엄podium을 만드는 건축 구성 방법은 점차 세계적으로 전파되어 사무실용 건축의 기본 형태를 형성하게 되었다.

레버 하우스는 그 매스와 건물 상세 부분의 정밀함뿐 아니라, 인간적인 요구를 충족시키는 방법에서도 매우 인상적이었다. 즉, 저층 부분의 중정은 파크 애비뉴 통행인들에게 매우 평화롭고 개방적인 공간을 창출해 주었다. 이후 레버 하우스와 유사한 건물들이 들어선 뉴욕의 파크 애비뉴는 커튼월로 된 건물들이 환상적인 경치를 창출하는 전시장과 같았다. 그중에서 뉴욕 펩시콜라 빌딩(SOM 회사 설계, 1958~1959)은 대담하게 분절된 공간을 갖는 특별한 예였다. 레버 하우스 빌딩은 수평선과 수직선으로 촘촘하게 짠 격자형이나 펩시콜라 빌딩은 넓은 간격으로 배치된 수직선을 강조하고 있다. 이 두 건물은 모두 구조 조건을 반영하여 건물 외관을 형성하도록 설계한 것이었다.

커튼월은 보통 구조체의 전면으로 돌출시킨 보 끝에 설치하여 건물의 외피를 형성한다. 이와 같은 예들과는 대조적으로 구조체를 외부로 돌출시켜 외벽면이 구분되도록 설계하는 방법도 있다. 이 방법의 원형은 미스가 설계한 시카고의 레이크 쇼어 드라이브 아파트였다. 이 방식을 사용한 예로는 블룸필드에 있는 코네티컷 제너럴 생명보험회사 건물(SOM 회사 설계, 1954~1957)이 있다. 이 건물은 지층에 필로티를 사용하여 건물의 구조시스템을 명료하게 표출하였다. 또한 구조의 정밀성과 탁월성을 외피 안으로 감추지 않고, 구조뿐 아니라 실내부의 마감까지도 모두 외부에서 볼 수 있게 만들어진, 매우 합리적이며 특이한 건물이다.

콜로라도 덴버에 있는 마일하이센터 건물(I. M. Pei 설계, 1956)의 외벽

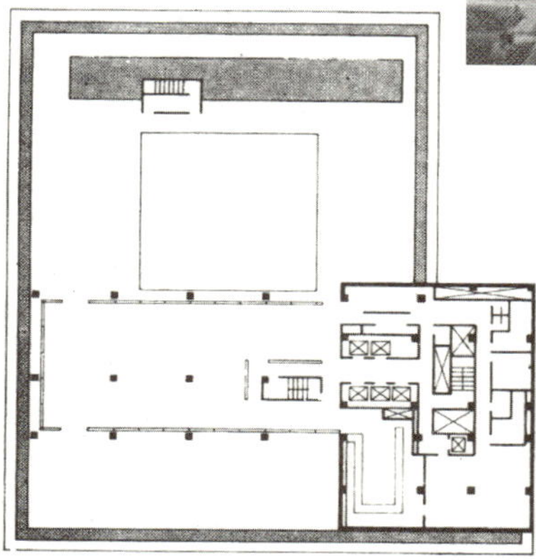

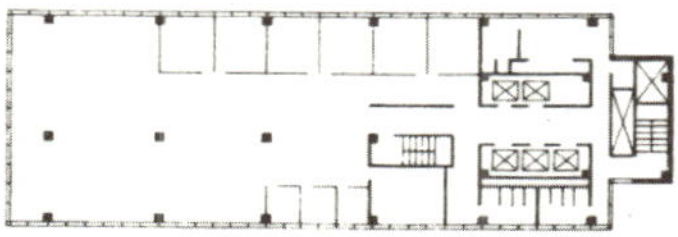

그림 92 레버 하우스(⇧)와 평면도(⇦)

은 구조와 기술적인 양상을 솔직하게 표현하는 데 있어 한 걸음 더 발전한 예이다. 평활한 외벽면은 대비되는 색상을 가진 2개 선형의 그물 모양으로 구성되어 있다. 암녹색의 알루미늄 패널은 하중을 지탱하는 보와 기둥을, 같은 요소로 된 황갈색 유리는 멀리온mullion(비구조재)을 감싼다. 이 멀리온 안에는 공조용 수직 덕트가 들어 있으며, 스팬드럴보spandrel beam 위의 공기조화 장치와 연결된다. 이 2개의 그물 모양조직 시스템을 시각적으로 구별하기 위해 폭이 좁은 유리의 띠를 스팬드럴보 위에 돌렸다. 마일하이센터의 평면은 정방형에 가까우며 구조적 코어가 평면상 치우쳐서 배치되어 있다. 따라서 실내공간 폭이 좁은 쪽에는 개인용 사무실들을 배치하고 실내공간 폭이 넓은 쪽에는 큰 사무실을 만들 수 있게 되어 있다.

최고의 융통성을 가지는 광활한 실내공간을 만들려는 욕구는 더 큰 스팬의 건물을 만드는 것으로 이어져 기둥에 집중적인 수직 하중의 증가를 초래하였다. 집중 하중의 증가로 기둥 단면이 커지자, 외부 기둥을 건물의 외벽면에 붙여서 배치하는 설계기법이 필연적으로 발전하게 되었다. 이러한 예로는 SOM 회사가 설계한 시카고의 인랜드스틸 회사 건물(1956~1958)과 뉴욕의 체이스맨해튼 은행 건물(1957~1961)이 있다. 이 건물들은 1950년대 말 공업기술주의 건축이 높은 수준에 도달하였음을 보여 준다.

제너럴 모터스 공학연구소의 설계는 미스의 일리노이 공과대학 건축 이념에서 영향을 받았다. 미스와는 대조적으로 에로 사리넨Eero Saarinen은 대칭적인 배치 방법을 사용하지 않았다. 각 건물군은 인공호수 주위에 여유롭게 배치되었으며, 5개의 건물군은 각자 개별적인 기능에

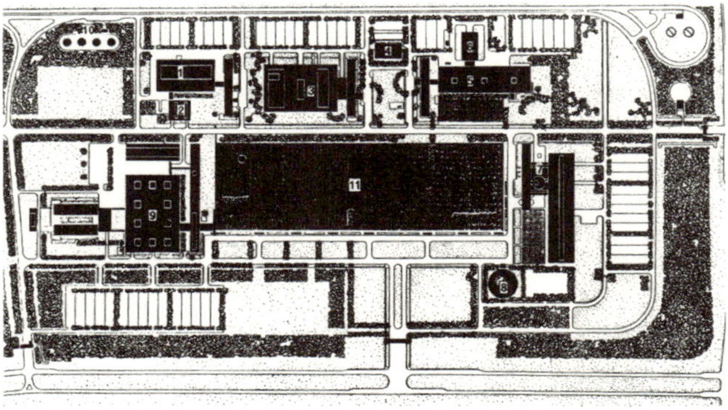

그림 93
제너럴 모터스 공학연구소(⇧)와 평면도(⇦)

맞게 계획·구성되었다. 건물들은 광활한 잔디밭과 호수로 이루어진 공원과 같은 환경에 배치되었다. 이들은 행정관리부와 공학연구부, 휴식위락 활동 지구의 관례적인 구분 계획을 따르는 대신에 공학연구 활동과 자연환경이 아름답게 어우러진 인더스트리얼 캠퍼스를 형성하였다(그림 93).

레버 하우스 빌딩과 시그램 빌딩(1955~1958)을 비교하면 건축적 표현의 추구와 성취된 내용이 상이함을 발견할 수 있다. 레버 하우스 빌딩은 경쾌한 특징이 있으나 시그램 빌딩은 숙고된 시지각적 중후성을 느끼게 한다. 일관성 있는 유리와 멀리온의 색조는 이 같은 특성을 표현한다.

레버 하우스 건물이 비대칭적으로 구성되었다면 이와 대조적인 시그램 빌딩의 대칭적이며 주축을 갖는 건물 배치는 기념비성을 갖게 한다. 또한 레버 하우스 건물이 새로운 건축 발전의 시발점을 뜻한다면 시그램 빌딩의 완공은 공업기술주의 건축 양식의 절정을 나타내는 것이다. 이 두 건물의 공통점은 건물 상세 부분의 정밀성과 탁월성이며, 공장에서 생산한 건축 재료와 건물 외피에 커튼월을 사용하였다는 점이다.

1950년대 말에는 새로운 전망을 할 수 있는 변화가 일어나기 시작했다. 커튼월을 사용한 주요 건물들을 설계한 SOM 회사는 그 접근 방법을 변경하기 시작하였다. 그들은 브뤼셀 랑베르 은행(1958~1962)에서 다른 형태의 어휘를 사용하였으며, 건축 활동의 주역인 사람들의 관심에 따라 새로운 형태와 내용을 추구하였다. 그러나 미스 반 데어 로에는 자신이 선택한 설계 방법을 계속 견지하였다. 그의 건축은 후에 시대착오적이라 비판받았지만, 장래를 예견하는 건축 요소를 많이 내포하였다.

공업기술주의 건축의 국제적 전파

1955~1956년에 야콥센이 건축한 코펜하겐의 에스페르센 사무소는 커튼월로 만들어진 아름다운 비례 관계를 가진 건축의 예이다. 이 건물은 구조와 커튼월 사이의 관계를 새롭게 발전시켰다. 건물의 기둥들은 중앙복도까지 후퇴하여 캔틸레버 구조가 사무실 바닥을 지탱하도록 설계하였다.

브뤼셀 만국 박람회 독일관(1958)의 공간 구성은 매우 흥미롭다. 이 건물은 정방형 평면을 사용했으며, 1층 벽을 후퇴시킨 구조였다. 2층과 3층의 개별 전시장들은 복도로 연결되어 중정을 감싸도록 배치되었다. 전시장 건물 위층 바닥 전면의 끝에는 백색 강봉으로 개방 공간의 한계를 형성하였으며, 유리면을 후퇴시키고 열주들은 이보다 더 후퇴시켰다.

뒤셀도르프에 있는 피닉스 라인로어 A.G. 빌딩(Phoenix Rheinrohr A.G. Building: Helmut Hentrich & Hubert Petschnigg 설계, 1957~1960)은 평면계획이 매우 특이하다. 이 건물은 서 있는 3개의 평판상체로 구성되었다. 중앙의 블록은 구조적인 코어이며 2개의 낮은 블록이 양쪽에 엇갈리게 붙어 있다. 이 평면계획은 건물 내부의 동선 길이를 단축시켰으나 건물 단부에 있는 사무실은 좁은 측에서만 출입이 된다. 엇갈리게 만든 입면의 구성은 조소적 건물의 효과를 갖게 만들었다.

브뤼셀 만국 박람회 독일관과 같이 건물을 감싸는 면을 몇 개의 다른 면으로 중첩시켜 처리하는 방법은 에로 사리넨이 설계한 일리노이의 존 디어 회사 건물(1961~1964)에도 나타난다. 이 건물에서는 유리창의 전면 외부로 돌출하게 매달아 설치한 일조 조정 루버가 그와 같은 공간 효과를 성취하였다. 존 디어 회사 건물은 강재를 사용하였지만, 일반적인 정밀하고 세련된 외관과는 상당한 차이를 보였다. 즉, 기둥과 보의 접합 부분과 같은 세부가 정교하기보다는 조악하다. 강철의 표면은 거칠며, 강재 표면에 산화 방지 피막을 만들어 녹스는 것을 막았다.

1960년대 초 스위스의 솔로톤 지방 건축가들 사이에서는 흥미로운 발전이 있었다. 그들은 공업기술주의 건축 수법을 적극적으로 활용하여 강재의 사용, 조립식 공법 및 일관 작업에 의한 시공법 등을 채택하였다.

특히 위디시-브루그에 있는 공과대학은 새로운 설계 방법을 나타내고 있다. 이 공과대학 건물은 격자형의 보 배열을 구성요소로 하며, 외벽판과 구조 및 실내 내장의 모든 부품들을 조립식으로 시공한 것이 특징이다.

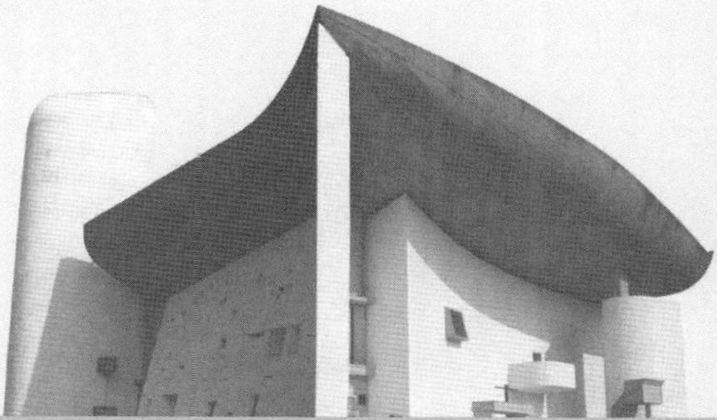

07

근대 건축과 구조기술

고층건축

고층건축의 구조기술

근대 건축의 마천루는 설계와 시공 기술면에서 미국의 건축 기술이 훌륭함을 잘 입증한다. 마천루의 구조는 수평 하중이 풍압과 지진력에 저항할 수 있어야 하며, 이 수평 하중은 건물의 높이에 따라 증가한다. 30~40층 정도의 건물에서는 접합부에 강하게 연결된 보와 기둥의 골조 작용으로 안정을 확보할 수 있다. 철근콘크리트는 일체구조이므로 이런 강한 접합부를 생성할 수 있다. 강구조에서는 고강도 볼트를 사용하거나 용접을 통해 접합 부분에 강성을 갖게 만든다.

1885년, 시카고에서 제니W. L. Jenney는 최초로 모든 기둥과 보에 강재를 사용하여 뼈대를 구성한 홈 인슈어런스 빌딩을 설계하여 시공하였다. 불과 20년 후에는 철근콘크리트구조로 만든 최초의 고층건축인 인갈 빌딩이 16층 높이로 신시내티에 세워졌다. 이 빌딩의 뼈대 구조는 수직 하중을 지반까지 전달하였으며, 수평 방향에 대한 구조체의 강성은 재료적 측면에서 조적벽을 이용하였기 때문에 상대적으로 미세한 수평 변위로 풍압에 저항할 수 있도록 설계되었다.

고층건축에서 각층 바닥 구조재의 중량은 대개 같은 크기의 하중을 전달하므로 바닥 슬래브와 이를 받치는 보의 크기는 10층이든 100층이든 동일하다. 그러나 기둥의 경우, 위에 있는 모든 층의 하중을 바닥에서 지탱해야 하므로 저층부의 기둥이 상층부보다 훨씬 큰 하중을 받아서 아래로 전달한다(그림 94, 95). 즉, 기둥의 하중은 건물의 층수에 따라 증가하므로 기둥 단면의 크기는 층수에 비례하여 증가한다. 한편 풍하중과 지진력에 의한 건물의 수평 변위는 건물의 높이에 따라 증가한다. 그러므로 건물을 전도시키려는 경향을 갖는 수평 하중은 건물 높이의 제곱과 비례하여 증가한다.

고층건물의 구조는 안전을 위해 강성이 있어야 한다. 최초의 마천루는 수평 강성을 유지하기 위해 기둥 간격을 좁혀 보를 높게 처리하고,

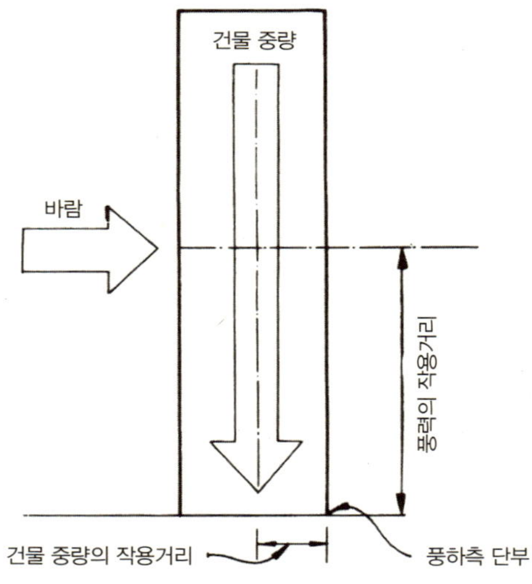

그림 94 풍하중을 받는 고층건축의 회전평형

무게가 있는 조적식 벽으로 기둥 사이의 비어 있는 부분을 채워 보강하였다.

고층건축은 점차 더 경량의 뼈대 구조를 사용하여 외력을 지탱하며 해결할 수 있도록 구조시스템이 발전하게 되었다.

이 구조 개념은 수직 하중을 지탱하여 지반으로 전달하는 구조시스템과 수평력에 저항하는 시스템의 2개로 분리하여 구조설계를 하는 방법이다. 이 구조 개념은 덕트(duct, 공기나 기타 유체가 흐르는 통로 및 구조물)와 엘리베이터의 공간을 건물 평면 안쪽으로 집중 배치하여 뼈대 구조에 강한 경사 부재를 엮어 수평 하중을 지탱하는 내부 코어를 형성한다. 즉, 코어를 둘러싼 4개의 뼈대 구조 중 3개는 모든 격간을 X자형으로 보

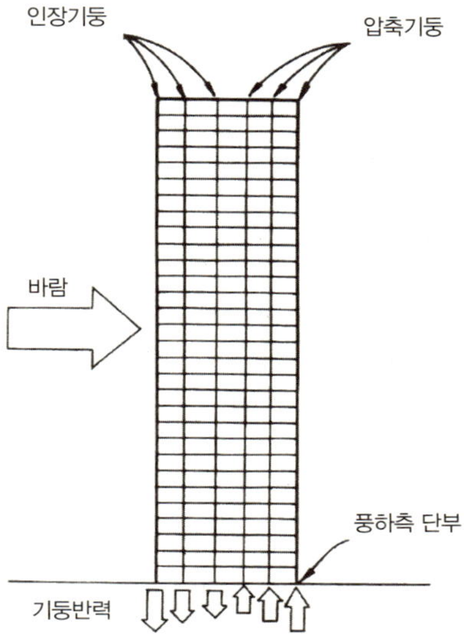

그림 95 풍하중을 받는 정착기둥의 반력

강하고, 엘리베이터 문의 개구부는 그 주위를 적절히 보강하여 강성을 높이는 것이다.

고층건축에서 건물의 외피는 기둥과 보를 이용한 철골구조로 비교적 가볍게 하고, 건물 중심의 코어 부분은 자력으로 지지가 되는 철근콘크리트 쉬어 월shear wall로 강성 있는 타워를 만들어 사용하기 때문에 이 구조시스템의 원리는 매우 합리적이다. 건물의 내부에 코어가 강하게 존재하고, 외부에 있는 기둥과 보로 이루어진 힌지hinge 구조가 이 코어에 기대어 서면 경제적이고 실용적인 구조가 이루어진다. 이런 구조시스템을 통해 2개의 구조적 기능 분리가 완전해진다. 즉, 힌지 구조는 수직 하중을 지반까지 전달하고, 코어는 수평 하중에 저항하여 고층건물을 안전하고 합리적이며 경제적으로 지탱하는 것이다(그림 96).

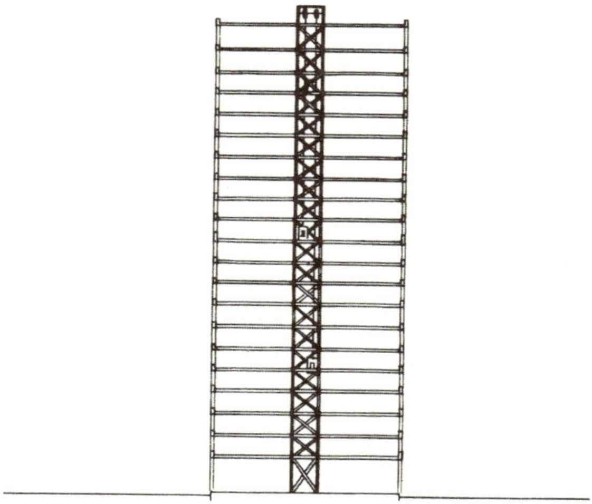

그림 96 고층건물 구조의 중앙 부분 트러스 보강 코어

고층건축의 실례

1920년대 초, 미국 시카고 트리뷴 건물의 현상 설계는 고층건축에서 새로운 설계를 추구한다는 역사적 의미를 가졌으나, 정작 당선작은 역사주의 양식을 따른 것이 선정되었다. 1930년, 크라이슬러 빌딩은 아르데코Art Deco의 영향으로 건물의 최상부를 시각적 효과를 위한 특수한 형태로 디자인하였다. 또한 엠파이어 스테이트 빌딩(1931)은 높이가 381m로, 오랫동안 세계에서 가장 높은 건물로 유명세를 떨쳤다.

고층건물은 높이만이 아니라 새로운 기술적인 진전이 필요했다. 우선적으로 사용했던 것은 수평 연속창이었다. 하우G. Howe와 레스카즈W. Lescaze가 설계한 필라델피아 세이빙 은행(1931)은 수평선을 대담하게 강조해 고층건축에 새로운 가능성을 제시하였다.

록펠러 센터는 당초부터 고층건축을 염두에 둔 획기적인 계획이었으며, 모든 건물은 종합적인 관점에서 도시 설계의 방법으로 설계되었다.

미국에서 고층건축 설계가 새로운 국면으로 맞이한 것은 미스 반 데어 로에 등의 유럽 건축가들이 이주한 후부터였다. 이때부터 건물 전면을 유리로 만드는 커튼월과 건물 상부가 평지붕인 직방체의 단순한 외관 디자인이 지배적인 경향이 되었다. 벨루스치P. Belluschi가 설계한 포틀랜드의 에퀴터블 빌딩(1948), 미스가 설계한 레이크 쇼어 드라이브 아파트(1951) 및 시그램 빌딩(1958), SOM 회사가 설계한 레버 하우스(1952) 등이 대표작이다. 이처럼 경쾌한 고층건축의 출현은 구조용 강재의 강도 증대, 유리 및 금속판 사용으로 외벽 부품 개선, 공기 조화 설비의 진보, 형광등에 의한 전기 조명 방법의 발전 등 기술적으로 많은 발전을 이루어 낸 종합적인 성과였다.

제2차 세계대전 후에는 유럽에서도 고층건축이 출현하였으며 서독의 뒤셀도르프에 세운 만네스만 빌딩(1923)과 피닉스 라인로어 빌딩(1960)은 모두 철강회사의 건물로서 선전적인 건물이었다. 후자는 기둥에 강관을 사용하여 획기적이었다. 밀라노에 있는 피렐리 빌딩(1959)은 네르비의 특징적인 구조계획을 통해 건축되었으며, 고층건축의 새로운 가능성을 시사하는 것으로 주목받았다.

강재 및 경금속재의 기술

19세기 건축은 주철을 사용하였으나, 그 후 압연강 제작 기술의 발전으로 강철구조재의 생산이 일반화되면서 강재에 대한 기술적 발전이 활발해졌다. 재료의 무게는 주철을 사용했을 때보다 가벼워졌으며, 강도의 증가로 부재의 단면이 작아져 경제적이면서도 합리적이었다. 강철구조의 기술적 발전은 큰 스팬의 가구도 가능하게 만들어 스팬 240m, 높이 54m에 달하는 마르세유의 페리 철교가 실현되었다. 건축구조 분야에서 강철구조의 발전과 보급은 급속도로 진행되었다. 이러한 기술은 20세기 중반에는 흔히 볼 수 있을 정도로 보편화되었으며, 가는 부재로 만드는 스페이스 프레임의 연구와 발전이 주요 과제로 등장하게 되었다.

처음 강재의 입체구조는 전화기 발명으로 유명한 벨Bell 등이 삼각추의 각 변에 구조 부재를 배치한 기본형을 복합하여 전망탑을 세운 것이 효시가 되었다. 3개의 부재를 결합한 안정된 프레임을 연속적으로 구성하여 입체구조를 만드는 이와 같은 방법은 각종 실험을 통해 발전하였다. 왁스만K. Wachsmann과 바이들리거P. Weidliger가 설계한, 강관으로 만든 격납고 지붕(1955년대)과 같은 거대한 구조는 이로써 가능해졌다. 제2차 세계대전 후에는 세계 각국에서 이러한 구조가 많이 연구되어 여러 가지 구조물이 출현하였다(그림 97).

이와 같은 입체구조와 병행하여 새로운 돔 구조가 발전하였으며, 새로운 재료와 구법構法에 의한 기술적 가능성이 추구되었다.

처음에는 독일 튀링겐 주 예나의 플라네타리움(1925) 등이 유명했다. 이후 이와 같은 구조 디자인에 많은 공헌을 했던 풀러R. B. Fuller는 풀러 돔을 그의 건축설계에 많이 활용하였다. 풀러 돔의 구조는 강관뿐 아니라 알루미늄 등의 경금속과 플라스틱판 등 각종 재료를 사용하였다. 공간 디자인은 돔 형태였으나 새로운 재료를 사용하여 구법을 기술적으로 해결하기 위해 집중적으로 연구한 점이 특이하며, 이는 세계 각국의 건축가와 구조기술가들에게 많은 영향을 주었다. 그의 초기작, 다이맥시온 하우스(1927)는 비행기와 자동차의 공업화 방식처럼 경금속으로 주택을 생산하려 한 것으로, 실험적이며 프리패브prefab 방식의 선구로 큰 의미를 가진다.

경금속 구조의 가능성을 추구한 프루베J. Prouvé는 건축가와 협동작업을 하였다. 그는 창문의 새시, 외벽, 지붕 등을 경금속으로 구성하여 프리패브화에 큰 공헌을 하였으며, 파리 근교에 만들어진 프리패브 주택

그림 97 입체 강관 구조

(1938)이 대표작이다. 또한 파리에 있는 알루미늄 전시관(1954)은 대규모 건축에서 대담하게 경금속을 사용하여 구조체로서의 가능성을 추구하였다. 그뿐만 아니라 파리 국립공업기술센터(1958)의 거대한 커튼월의 기술적인 해결 등으로도 그의 공헌은 알려져 있다.

철근콘크리트 구조기술

● 철근콘크리트 구조기술의 발전

뛰어난 구조기술가들은 철근콘크리트를 적절한 건축 재료로 사용하기 위해 노력하였다. 기술적 진전의 결과로 출현된 새로운 구조방식과 공간 구성은 기존에 존재하지 않았기에 그들의 공적은 높이 평가되었다.

당초 철근콘크리트는 재료의 가소성으로 자유로운 형태를 만들 수 있다는 특성이 강조되었기 때문에 다양하고 변화가 많은 디자인적 제안들을 시도할 수 있었다. 그러나 현실적으로는 거푸집 제작 등에 제약이 많아 자유로운 형태를 쉽게, 마음대로 실현할 수는 없었다. 멘델존의 아인슈타인 타워(1921)도 철근콘크리트로 만든 자유로운 형태의 조형 실례라고 오인 받지만, 실제로는 블록으로 만든 조적구조 표현에 석회를 발라 마감한 것이었다.

1920년대의 일반적인 건축에서 철근콘크리트를 사용한 예는 적었으며, 철근콘크리트로 만든 것처럼 보이는 건물도 실제는 조적구조의 표면에 석회를 발라 마감한 것이 많았다. 예를 들어 독일에서 국제 건축 양식으로 건축된 집합 주거의 대부분은 이와 같은 공법으로 건축되었다.

기둥, 보, 슬래브 등의 건물 구조체를 철근콘크리트로 구성하고, 창과 벽 등을 각각 소재를 명확하게 나타내는 설계 방식이 점차 발전하였다. 페레는 일찍이 이와 같은 방법을 사용하였으며 막스 타우트M. Taut가 설계한 독일 프랑크푸르트 노동조합연합회관(1931)에서도 그 예가 잘 나타난다.

이와 같은 구조방식은 1930년대에 많이 보급되기 시작하였다. 다이커J. Duiker의 외기학교(1932)와 테라니G. Terragni가 설계한 카사 델 파시오(1936) 등의 명쾌한 설계는 골조를 디자인의 모티브로 사용하여 철근콘크리트구조의 아름다움과 우수성을 실증하는 좋은 예이다(그림 98).

한편 캔틸레버 슬래브를 이용한 커튼월 외벽의 사용으로 전면 유리창과 수평 연속창 등이 가능해져 새로운 건물 외관을 만들 수 있었다. 이 원리는 1910년, 르 코르뷔지에가 도미노 방식으로 이미 제시하였지만 1930년대에 실용화되어 일반적으로 보급되기 시작하였다.

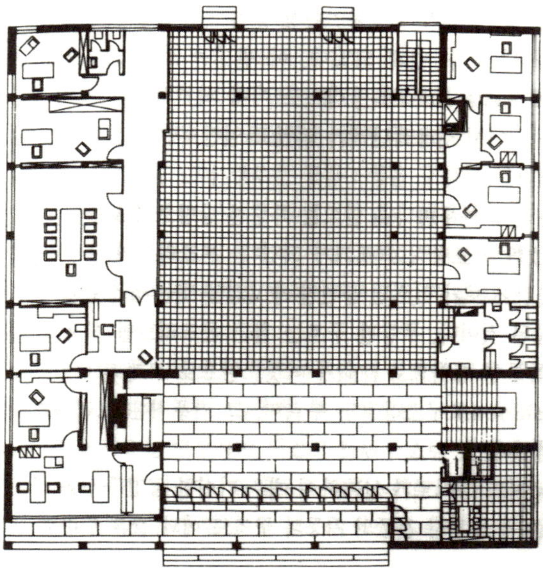

그림 98
카사 델 파시오 평면도

그 다음으로는 무량판 구조방식을 통해 보를 사용하지 않고 건물 바닥을 만들게 되었다. 이는 창고나 공장과 같이 실내공간에 보가 있으면 불편한 건물의 설계에서 착안하였다. 무량판 구조는 철근콘크리트를 사용할 때만 가능한 독특한 방식으로, 주두를 버섯 모양으로 크게 형성하기 때문에 머시룸 구조라고도 부르며, 거푸집을 프리캐스트하여 사용하였다.

라이트가 설계한 존슨 왁스 회사 건물의 특이한 기둥과 구조도 이와 같은 무량판 구조 계열에 속한다고 할 수 있다. 20세기 중반에는 무량판의 일종인 와플 슬래브가 개발되어 많이 사용되었다(그림 99).

특히 마이야르R. Maillart의 교량구조는 철근콘크리트의 구조미를 추구한 매우 성공적인 예이다. 이 교량들은 철근콘크리트 소재가 가지는 역학적인 한계를 넘어 새로운 공간 조형을 구현하였으며, 어떤 면에서는 기적 같은 결과를 만들었다. 또한 그가 설계한 스위스 박람회의 시멘트관(1939)은 후에 사용될 쉘 구조의 선구적인 예로서 역사적인 의미를 갖는다.

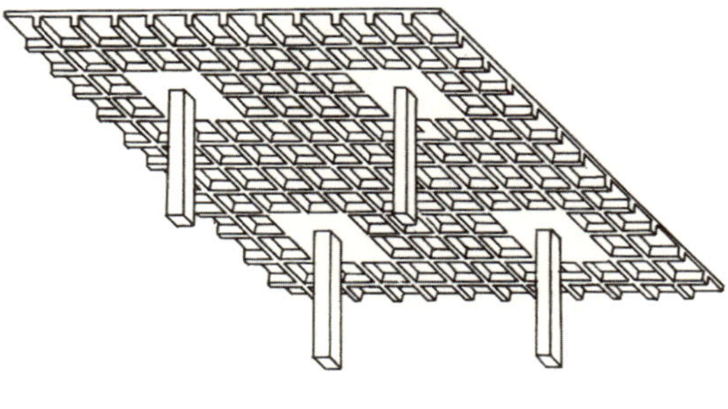

그림 99 와플 슬래브

박막 곡면구조인 쉘의 구조 이론이 발전하면서 철근콘크리트 재료를 사용한 돔형, 원통형, 하이퍼볼릭형hyperbolic의 박막 쉘 구조가 건물 지붕을 형성하였으며 절판구조로 된 특수한 지붕 모양 등이 나타났다(그림 100). 벨루스치가 설계(네르비가 구조설계를 담당)한 샌프란시스코 성당은 하이퍼볼릭 쉘을 지붕으로 사용한 좋은 예이다.

철근콘크리트의 기술적인 발전에서 특기할 것은 P.C. 콘크리트의 사용이다. 이 방법으로 철근콘크리트를 공업적인 부재로 생산하게 되었으며, 주요한 구조체뿐 아니라 다양한 부품으로 상용하면서 적용 범위가 확대되었다. 페레 등은 일찍부터 P.C. 콘크리트에 의한 구조설계(프랭클린 가 아파트, 1903)를 사용하였으나, 구조재 내부에 있는 철근에 초기 응력을 주는 프리스트레스prestress 공법은 프레시네E. Freyssinet가 개발하여 오를리공항 격납고(1916)에 처음으로 사용하였다. 그 후 철근콘크리트는 발전을 거듭하면서 여러 가지로 활용되었다.

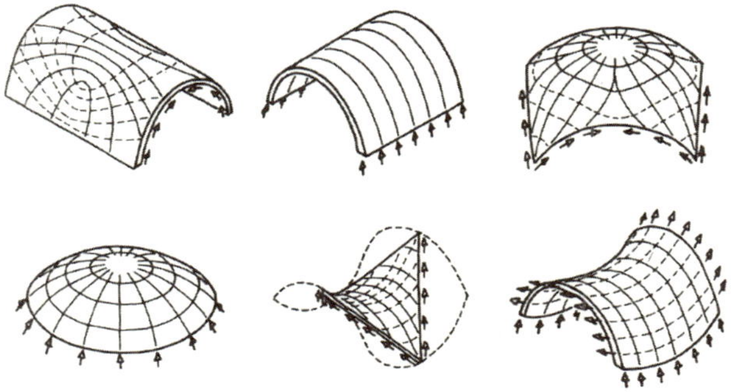

그림 100
박막 쉘 구조의 응력 분포도

● 피에르 네르비

네르비P. L. Nervi는 철근콘크리트의 구조기술 발전에서 단순히 기술적인 분야뿐 아니라 고유하고 대담한 구조설계적 접근 방법으로 마이야르와는 다른 공간 구조 방법을 확립하였다. 네르비는 피렌체 경기장(1932)을 시작으로 철근콘크리트를 덩어리나 판상이 아닌 선형적인 재료로 취급하는 새로운 방법을 개발하였으며, 이를 통해 고전미학을 연상시키는 단정하고 화려한 건축공간을 창조하였다. 대표적인 작품에는 이탈리아 토스카나 주 오르베텔로의 비행기 격납고(1939~1941), 토리노의 전시관(1950), 로마의 스포츠 팰리스(1959) 등이 있다. 이 건물들의 디자인은 네르비의 높은 기술 수준을 보여 주며, 타의 추종을 불허하는 독창성을 가졌다.

네르비는 제2차 세계대전 이전에 이미 큰 공간을 덮는 구조물을 설계하였다. 그중 2개는 비행기 격납고였다. 먼저 1936년에 만든 것은 라

그림 101 라멜라 아치의 비행기 격납고

멜라lamella 아치의 현장 타설 콘크리트 시공법으로 만들었다. 다음은 1939년부터 1941년 사이에 만든 것으로, 구조 원리는 이전과 동일하지만 프리캐스트 콘크리트로 시공하여 기술적으로 매우 참신했다. 이는 이후 프리캐스트 콘크리트 공법으로 만든 대공간 건축의 선구적인 작품이된다. 이 건물의 크기는 324m×129m였으며 2.5t을 들 수 있는 크레인만을 사용하여 시공하였다고 전해진다. 제2차 세계대전 때 폭탄을 맞았지만, 이 건물의 라멜라 부재는 단 2, 3개만 파손되어 나머지가 고스란히 남아 있었다(그림 101).

네르비는 하중을 잘 지탱하면서 힘을 잘 전달하는 콘크리트 재료의 사용법으로 페로시멘트ferrocement 공법을 개발하였다. 페로시멘트는 와이어 메쉬를 여러 층으로 겹친 것에 고강도 시멘트 모르타르를 부어서 만든다(그림 102). 이같이 만들어진 페로시멘트는 2.5~5.0cm 정도의 두께로 매우 높은 인장과 압축강도를 갖게 된다. 처음에는 콘크리트를 만드는 거푸집으로 사용하였지만, 그 후 네르비는 페로시멘트를 구조재료

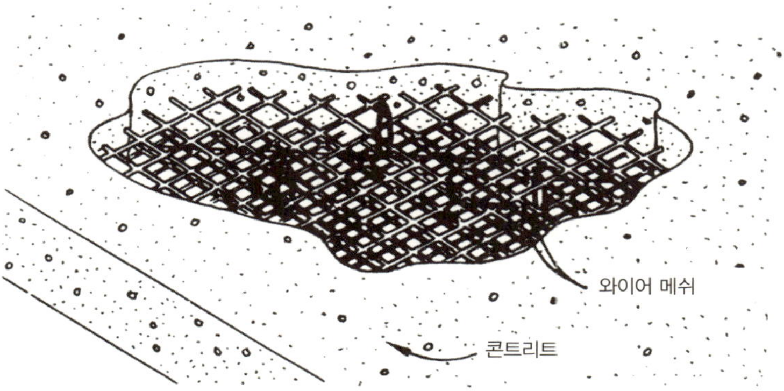

그림 102 페로시멘트 와이어 메쉬 배근

로 사용하여 특출한 미적 효과를 나타낸 걸작을 적지 않게 만들어 냈다.

또한 그는 페로시멘트를 사용하여 처음으로 쌍돛의 철근콘크리트 범선인 니넬레Nennele호를 만들었다. 그 후 호주와 미국에서는 이 방법으로 많은 배를 만들었다. 이 배는 만들기도 쉬웠지만 사고 시 보수도 쉬웠다. 더욱이 바닷물이 가진 염분의 영향을 덜 받아 부식이 잘 되지 않는 장점도 있었다.

네르비는 제2차 세계대전 후 눈부신 활약을 하였다. 토리노의 전시관(1950), 로마의 스포츠 팰리스(1959) 등이 그의 대표 작품이다. 이들은 모두 페로시멘트를 사용한 섬세한 P.C. 콘크리트 유닛으로 만들어졌다. 수없이 많은 P.C. 콘크리트 유닛의 대집단들로 형성된 곡면구조는 빛을 창출하고 음영의 리듬을 만들어 장관을 이룬다. 이 건물들은 네르비가 설계와 시공 모두를 책임진 것이 특징이며, 프리캐스트 콘크리트 단위의 반복 사용으로 미적인 고려와 경제적인 효율성을 동시에 성취하였다.

스포츠 팰리스의 돔 구조는 그 원리와 기능을 잘 살려서 건축 조형미를 성취한 가장 훌륭한 예이다. 돔은 주변을 돌아가며 선율미를 형성하는 수많은 Y형 버트레스buttress에 의해 지탱되며, 큐폴라cupola는 돔 정상의 원형 개구부를 덮고 있다. 건물 내부 관람석의 후면에는 높은 전면 유리창을 둘러 채광을 고려하였다. 그러나 건물 외관에는 눈에 잘 띄지 않지만, 가는 빗물 홈통들이 늘어서 있어 옥에 티 같은 느낌을 주기도 한다(그림 103, 104).

네르비는 다른 건축가들의 설계에 구조기술가로 협업하기도 했다. 고층건축에서 언급했던 밀라노의 피렐리 빌딩(1959)과 유네스코 본부

그림 103 스포츠 팰리스

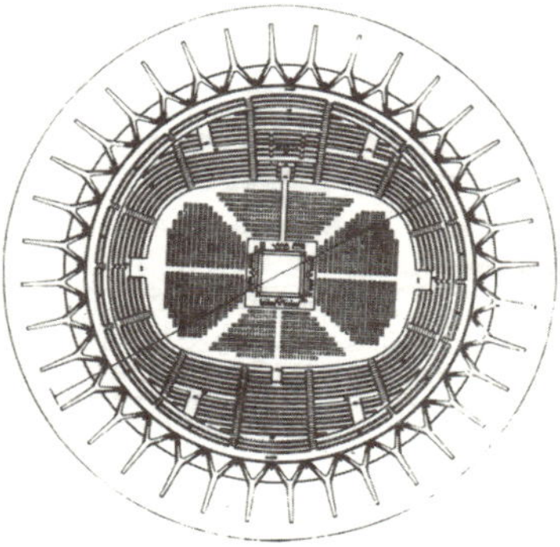

그림 104 스포츠 팰리스의 평면도(⇦)와 단면도(⇩)

그림 105 피렐리 빌딩(⇧, 왼쪽)과 평면도(⇩)

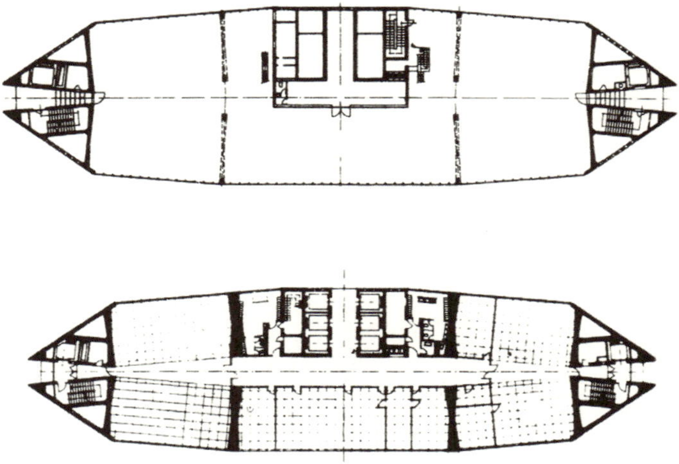

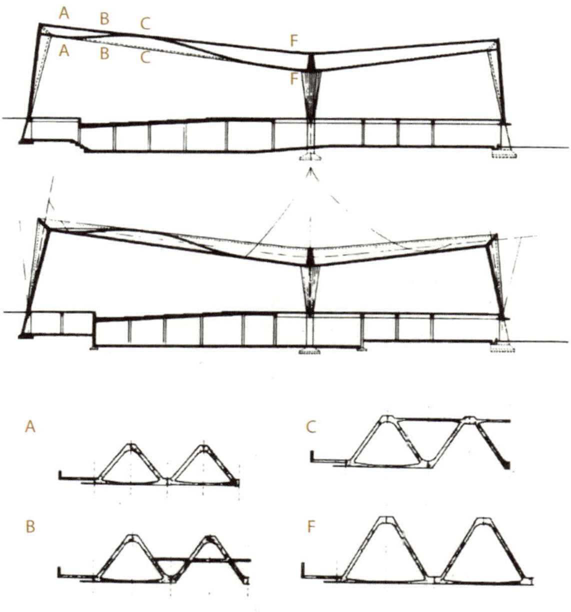

그림 106 유네스코 본부 회의장 구조 단면도

건물(1958) 등은 네르비의 독특한 구조설계 방법을 적용하였다(그림 105, 106). 네르비는 구조기술자인 동시에 훌륭한 건축가의 역량을 가진 근대 건축의 대표적인 인물이었다. 이와 같은 네트비의 영향은 이탈리아에 있는 모란디R. Morandi가 설계한 발렌티노 공원의 지하 홀(1959)과 로마의 종착역 건물(1950) 등에 나타났다.

토로하

스페인에서 에두아르도 토로하E. Torroja가 이룬 철근콘크리트구조의 공간 구성에 대한 실험적인 시도들은 매우 주목할 만하다. 그는 주로 쉘 구조를 사용하여 대담한 구조물을 만들었으며 일반적으로 건축 작품 활동이 저조했던 스페인에서 세계적인 명성을 얻을 정도로 독특한 구조설계 방법을 전개하였다. 그중에서 특히 유명한 것은 마드리드에 있는 사르수엘라 경마장(1936)이다. 관중석 지붕 구조의 캔틸레버 길이는 42ft(12.8m)에 달하는 기록적인 것으로, 철근콘크리트의 기술적 가능성을 극한으로 성취했다고 평가받는다(그림 107).

만약 얇은 종이의 짧은 쪽을 잡으면 그 자체의 무게조차 지탱하지 못하고 밑으로 처진다. 그러나 종이를 약간 둥근 곡면으로 만들어 잡으면 자체의 무게뿐만 아니라 연필이나 펜과 같은 물건을 얹어 놓아도 캔틸레버식 보와 같이 지탱할 수 있다(그림 108). 그는 이 같은 곡면 쉘의

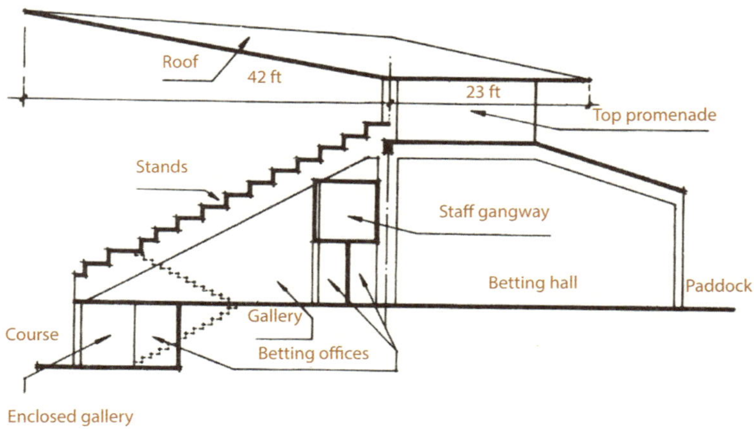

그림 107 사르수엘라 경마장 단면도

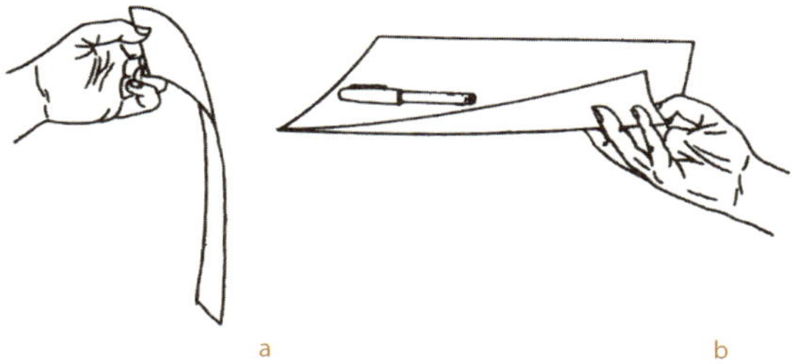

그림 108
곡면이 되어 강해진 종이의 모양

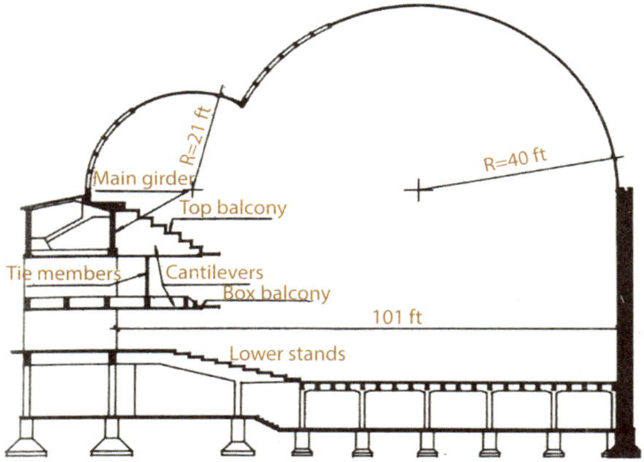

그림 109
프론톤 레콜레토스 실내 경기장 단면도

구조 원리를 얇은 철근콘크리트 판에 응용하였다. 경기장 지붕은 불과 7~8cm의 두께로, 12m 이상 돌출된 캔틸레버 구조를 형성하여 효율적으로 시공되었다.

그가 설계한 마드리드에 있는 프론톤 레콜레토스(1935)의 실내 경기장 건물은 60m×35m의 크기로, 지붕을 크고 작은 2개의 원통형 쉘로 복합하여 만들었다. 2개의 쉘 일부에는 리브로 구성한 채광면을 만들어 독특한 공간 분위기를 형성하였다(그림 109). 알헤시라스 시장 건물(1935)은 스팬이 47.55m이며 구면 쉘 구조로 되어 있다. 정상에는 리브를 구성하여 광창을 두었고, 건물 주위를 돌아가며 원통형 쉘로 만든 처마를 돌출시켰다. 쉘 구조의 두께는 9cm로 설계되어 있다. 이 건물은 쉘 구조로 만들어진 훌륭한 작품으로 유명하다(그림 110).

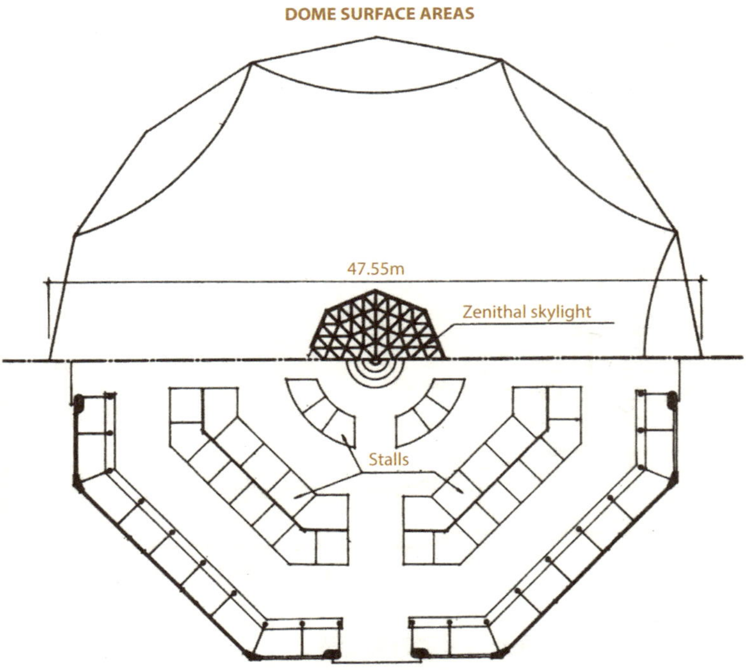

그림 110 알헤시라스 시장 건물 평면도와 지붕

● 새로운 건축구조 형태의 보급

몇 사람의 특출한 구조기술자들이 개발한 새로운 구조기술은 제2차 세계대전 후 많은 건축가의 건축설계와 공간 구성에서 효용성 있는 수법으로 널리 보급되었다. 건축가들은 구조기술자의 협력을 얻어 구조역학적인 모델의 형태를 벗어나 조형적으로도 새로운 형태를 추구하기 위해 노력하였다. 구조방식은 돔, 원통형 쉘과 같은 기본적인 구조뿐 아니라, H.P. 쉘, 현수구조와 같은 방식도 채용하기 시작하였다. 이 같은 경향은 세계 각지에서 나타났으며 거대한 공간뿐만 아니라 규모가 작은 건물에도 적용되어 널리 사용되었다. 이와 같은 공법은 제각기 특유한 공간 형태를 나타내며 획기적인 현상이 되었다.

사장교의 설계로 유명한 독일의 구조기술가, 레온하르트G. Leonhardt가 설계한 슈투트가르트의 TV 탑(1956)은 철근콘크리트의 구조적 가능성을 추구한 것으로 조형적인 아름다움과 전망실의 훌륭한 설계가 실현된 선구적인 예이다.

쉘 구조를 대담하게 활용한 예는 에로 사리넨이 설계한 미국 MIT 대학의 크리스거 대강당 건물(1955)이 있다(그림 111). 이 쉘은 반구면 주위의 3개 부분을 떼어 구면 삼각형을 만들고, 이를 세 곳의 힌지(경첩)식 기초로 지탱하게 한 것으로 매우 경쾌한 형태이다. 그러나 그 형태는 구면 쉘의 구조역학적인 기능을 합리적으로 활용하지 못한 것으로, 평면 형태를 강당 건축 평면 계획으로 평가할 경우 불합리한 점이 있었다. 따라서 신기한 건물 외형에만 치중하여 설계했다는 비판을 받기도 한다. 이와 유사한 건물 형태 중 보다 합리적인 구조를 보여 주는 건물로는 파리의 국립 공업기술센터 건물(1958)을 들 수 있다. 이 건물은 규모가 훨

그림 111 미국 MIT 대학의 크리스거 대강당

씬 더 커 포물형 단면을 가진 쉘을 3개 결합하여 만들었으며, 쉘 표면에 리브를 돌출시켜 보강하였다.

요절한 폴란드계의 건축가인 노비츠키M. Nowicki가 설계한 노스캐롤라이나의 도튼 아레나(1953)는 현수 지붕 구조로 획기적이었다. 이 건물의 지붕면은 H.P. 곡면이나 현수망과 억제망으로 지붕면의 뼈대를 구성하여 시공한 것으로, 이와 같은 구조방식의 선구적인 예이다. 이 구조의 원리는 캔버스포로 만든 접이식 간이의자에서 착안하였다. 중심점에서 교차된 2개 세트의 다리 위에 캔버스포를 붙여서 만든 의자의 역학적 기능은 사람이 앉을 때 그 무게를 받는 캔버스에 인장력이 생기고, 이 힘이 2개 세트의 다리를 압축하여 바닥면에서 지탱되도록 한다(그림 112 a).

노비츠키는 수평과 약 20도 각으로 경사진 2개의 철근콘크리트 아치를 좌우의 교차부에서 접합시켜 가위 형태를 이루는 하부구조가 지붕의 하중을 지반으로 전달하도록 만들었다. 2개의 아치 위에서 지붕을

a. 캔버스로 만든 간이의자

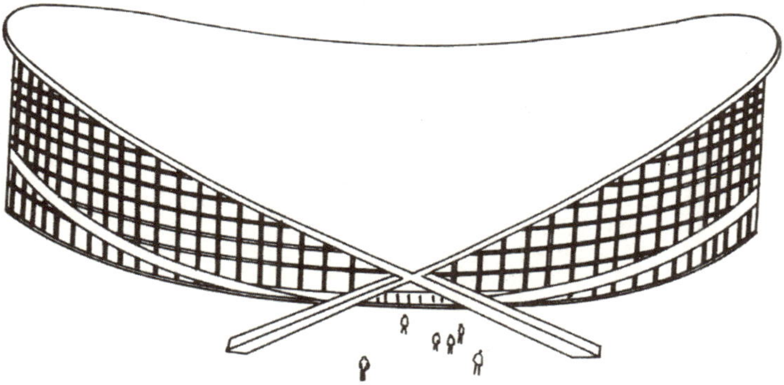

b. 노비츠키의 아레나 구상도

그림 112 도튼 아레나 구상도

덮는 망은 2개의 케이블 세트로 만들었다. 그중 한 세트는 상향 곡면을 이루면서 아치로 된 다리에 케이블들이 평행하게 설치한 것이고, 또 하나의 세트는 이것과 직각으로 케이블들이 현수곡선을 이루도록 설치하여 하향곡면을 이룬다. 이렇게 해서 그는 케이블로 만든 말안장 모양의 곡면으로 지붕을 만들었으며 케이블 사이의 메쉬는 반투명 플라스틱 파형판으로 덮어 놓았다(그림 112 b).

H.P. 쉘의 특별한 예로는 르 코르뷔지에와 네르비가 협동 설계한

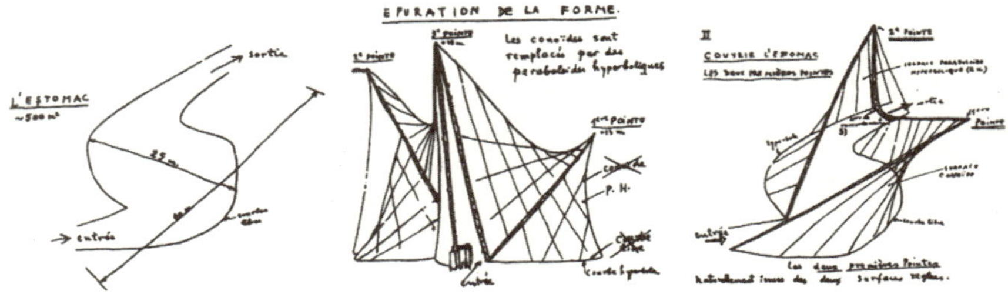

그림 113 브뤼셀 만국 박람회 필립스관 구상도

그림 114 브뤼셀 만국 박람회 필립스관

브뤼셀 만국 박람회의 필립스관(1958)이 있다(그림 113, 114). 이 건물의 형태는 특이하며 철근콘크리트를 사용하여 혁명적인 공법을 적용하였다. 보통은 콘크리트 속에 철근을 매설하는 것이 원칙이지만 이 건물에서는 이중으로 당긴 철근의 망 사이에 콘크리트가 끼어 있도록 만들었다. 따라서 보강용 철근을 콘크리트 외부로 노출하고 있다. 이 건물은 박람회가 끝난 뒤 철거된 임시 시설이었지만, 쉘 구조의 새로운 국면을 개척한 것으로 큰 화제를 불러일으켰다. 이 박람회는 현수구조의 건물들을 많이 세웠다는 점에서 구조기술적으로도 역사적인 의미를 가진다.

찾아보기

【ㅁ】

【ㅂ】

【ㅅ】

【ㅇ】

【ㅈ】

【ㅊ】

【ㅋ】